Probleme des Alterns

Fortschritte der Psychotherapie
Band 33
Probleme des Alterns
von Dr. Simon Forstmeier und Prof. Dr. Dr. Andreas Maercker

Probleme des Alterns

von Simon Forstmeier
und Andreas Maercker

HOGREFE
GÖTTINGEN · BERN · WIEN · PARIS · OXFORD · PRAG
TORONTO · CAMBRIDGE, MA · AMSTERDAM · KOPENHAGEN

Dr. Simon Forstmeier, geb. 1973. 1994-2001 Studium der Psychologie in Darmstadt und Warwick (UK). Mehrjährige Tätigkeit in einer Psychosomatischen Klinik. 2004 Promotion. 2005 Approbation zum Psychologischen Psychotherapeuten. Seit 2005 Wissenschaftlicher Assistent, seit 2006 Oberassistent an der Universität Zürich, Koordinator der psychotherapeutischen Praxisstelle des Lehrstuhls Psychopathologie und Klinische Intervention.

Prof. Dr. Dr. Andreas Maercker, geb. 1960. Studium der Medizin und Psychologie in Halle/Saale und Berlin. 1986 Medizinische Dissertation. 1995 Psychologische Dissertation. 1998 Habilitation. 1998-2001 Leiter der Institutsambulanz für Psychotherapie sowie des Aufbaustudiengangs Psychologische Psychotherapie an der TU Dresden. 2001 Ernennung zum außerplanmäßigen Professor an der TU Dresden. 2002-2004 Arbeitsgruppenleiter am Institut für Psychologie der Universität Zürich. 2004 Lehrstuhlinhaber für Klinische Psychologie und Psychotherapie an der Universität Trier. Seit 2005 Ordinarius für Psychopathologie und Klinische Intervention an der Universität Zürich.

Bibliografische Information der Deutschen Nationalbibliothek

Die Deutsche Nationalbibliothek verzeichnet diese Publikation in der Deutschen Nationalbibliografie; detaillierte bibliografische Daten sind im Internet über http://dnb.d-nb.de abrufbar.

Göttingen • Bern • Wien • Paris • Oxford • Prag
Toronto • Cambridge, MA • Amsterdam • Kopenhagen

http://www.hogrefe.de
Aktuelle Informationen • Weitere Titel zum Thema • Ergänzende Materialien

Satz: Grafik-Design Fischer, Weimar
Druck: AZ Druck und Datentechnik, Kempten (Allgäu)
Printed in Germany
Auf säurefreiem Papier gedruckt

ISBN 978-3-8017-1987-6

Inhaltsverzeichnis

1 Altersrelevante Probleme und Störungen

Der Prozess des Alterns wird von den Betroffenen sehr verschieden wahrgenommen – und er läuft interindividuell auch sehr unterschiedlich ab. In der gerontologischen Literatur wird zur Einteilung der Unterschiedlichkeit zwischen normalem, pathologischem und optimalem (erfolgreichem) Altern differenziert. Während normales Altern „alternstypische" Einbußen auf somatischer und psychischer Ebene beinhaltet, ist pathologisches Altern durch Auftreten von Krankheiten, erheblichen Funktionseinschränkungen und Verkürzung der Lebensspanne charakterisiert. Optimales Altern ist durch weitreichende Autonomie, Lebenszufriedenheit und das Erreichen von individuell gesteckten Lebenszielen gekennzeichnet. Im folgenden Kapitel sollen alternstypische Veränderungen, insbesondere aber Krankheiten des Körpers, des Denkens und der Gedächtnisfunktionen sowie der Emotionen und sozialen Beziehungen dargestellt werden.

Unterscheidung in normales, pathologisches und optimales Altern

1.1 Veränderungen des Körpers

1.1.1 Bezeichnungen und Epidemiologie

Physiologische Veränderungen im Alter. Tabelle 1 zeigt die hauptsächlichen physiologischen Veränderungen in den verschiedenen Organsystemen. Die Veränderungen in den einzelnen Organen beeinflussen sich gegenseitig und beeinflussen so die individuelle Entwicklung eines Krankheitsbildes im Alter, seine Dauer und Intensität wie auch die möglicherweise bleibende Behinderung. Altersbedingte Organveränderungen führen gewöhnlich nicht zu einem endgültigen Funktionsverlust, sondern zu Funktionseinschränkungen mit erhöhtem Krankheitsrisiko.

Altersbedingte physiologische Veränderungen führen zu Funktionseinschränkungen mit erhöhtem Krankheitsrisiko

Körperliche Krankheiten im Alter. Meist sind verschiedene Organe mehr oder weniger gleichzeitig von Funktionseinschränkungen betroffen. Dies begründet die typische Multimorbidität im Alter, das gleichzeitige Auftreten von mehreren (körperlichen und psychischen) Erkrankungen. Dabei handelt es sich oft um chronische Krankheiten. In Tabelle 2 sind die häufigsten körperlichen Krankheiten bei 70- bis 100-Jährigen aus der Berliner Altersstudie aufgelistet (vgl. Steinhagen-Thiessen & Borchelt, 1996).

Multimorbidität im Alter

Hauptsächliche physiologische Veränderungen im Alter

Tabelle 1:
Die hauptsächlichen physiologischen Veränderungen im Alter
(nach Walter & Schwartz, 2001, S. 166 f.)

Organ/System	Altersbedingte Veränderungen	Mögliche Folgen altersbedingter physiologischer Veränderungen
Allgemein	– Zunahme des Körperfetts – Abnahme der Körperflüssigkeit – Abnahme der Muskelmasse – Abnahme des Grundstoffwechsels – Abnahme der Temperaturregulation	– Volumen zur Verteilung fettlöslicher Medikamente nimmt zu und für wasserlösliche ab – Unbemerkte Unterkühlung möglich
Sinnesorgane	– Augen: Alterssichtigkeit (Presbyopie) – Linsentrübungen – Ohren: Hochtonverluste (umweltabhängig)	– Verminderte Akkomodation – Eingeschränkte Wortdiskrimination bei Hintergrundgeräuschen
Endokrines System	– Beeinträchtigte Glucosetoleranz – Abnahme der Vitamin D-Absorption und -Aktivierung – Abnahme der Thyroxin-Clearance und -Produktion – Anstieg von Cortison im Blut	– Erhöhter Blutzuckerspiegel bei akuten Krankheiten – Osteopenie (Minderung der Knochendichte) – Verminderte T4 Dosis bei Hypothyreose erforderlich – Verminderter Glucoseverbrauch im Gehirn
Respirationstrakt	– Abnahme der Lungenelastizität – Zunehmende Steifheit des Brustkorbes (Altersthorax)	– Missverhältnis zwischen Ventilation und Perfusion – abnehmender Sauerstoffpartialdruck
Herz-Kreislaufsystem	– abnehmende Anpassung der Arterien, zunehmender systolischer und diastolischer Blutdruck (abhängig von Umwelt und Lebensweise) – verzögerte Blutdruckregulation – Einschränkung des Herzschlagvolumens	– Orthostatische Probleme – Belastung kann oft nur über Herzfrequenzsteigerung aufgefangen werden
Gastrointestinaltrakt	– Mundhöhle/Zähne: Verlust – Anzahl der Geschmacksknospen reduziert – Magen-Darmtrakt: Sekretion der Speicheldrüsen, Magen, Pankreas nimmt ab bzw. verändert sich	– Kaufunktion eingeschränkt – Gefahr der Fehl- und Mangelernährung

Tabelle 1 (Fortsetzung):
Die hauptsächlichen physiologischen Veränderungen im Alter
(nach Walter & Schwartz, 2001, S. 166f.)

Organ/System	Altersbedingte Veränderungen	Mögliche Folgen altersbedingter physiologischer Veränderungen
Urogenitaltrakt	– Durstperzeption nimmt ab, Sättigungsperzeption zu – Harnblase: Tonus nimmt zu, Fassungsvermögen ab – Niere: glomuläre Filtrationsrate nimmt ab, renaler Natriumverlust – Prostatavergrößerung	– Erhöhte Exsikkationsgefährdung – Häufigeres Urinieren, Drangzeit oft verkürzt – Erhöhter Wasserverlust (Schwitzen, Diuretika) – Mangelnde Ausscheidung einzelner Drogen/Medikamente
Blut- und Immunsystem	– Vermutl. Abnahme der Knochenmarksreserve – Abnehmende T-Zellenfunktion – Zunahme der Autoantikörper	– verminderte Immunantwort
Bewegungsapparat	– Skelettmuskel nimmt ab – Bänder, Sehnen, Muskeln weniger dehnbar – Abnahme des Mineralstoffgehaltes der Knochen – Gelenkbeweglichkeit nimmt ab	– Geringere Beweglichkeit und Kraft – Erhöhte Anfälligkeit für Knochenbrüche
Nervensystem	– Abnahme der Ganglienzellen und Neurotransmitter – Phospholipide in Zellmembranen reduziert – Funktion der Rezeptoren beeinträchtigt	– Erhöhte Aufnahme schädlicher Substanzen – Verminderte Aufnahme von Glucose
Haut	– Atrophie, Schwund des subkutanen Fettgewebes – Abnahme und veränderte Struktur des kollagenen Bindegewebes, verminderte Durchblutung der Lederhaut – verminderte Talgdrüsenaktivität	– Verlangsamte Wundheilung – Faltenbildung – Verminderte Hautfettung, trockene Haut

Berliner Altersstudie

Im Alter am häufigsten sind Erkrankungen des kardio- und zerebrovaskulären Systems und des Bewegungsapparates

In der Berliner Altersstudie fand sich, dass 96 % der Über-70-Jährigen mindestens eine und 30 % fünf und mehr internistische, neurologische oder orthopädische behandlungsbedürftige Erkrankungen hatten. Am häufigsten sind Erkrankungen des kardio- und zerebrovaskulären Systems und Erkrankungen des Bewegungsapparates. Etwa ein Drittel der Senioren über 70 Jahren haben lebensbedrohliche Krankheiten.

Tabelle 2:
Die häufigsten körperlichen Krankheiten bei 70- bis 100-Jährigen: Prävalenzen, Medikation und Medikationsbedarf (Zusammenfassung nach Maercker, 2002b)

Häufigste körperliche Krankheiten im Alter

	Gesamt-prävalenz (%)	Prävalenz mittlerer bis höherer Schwere-grade (objektiv, %)	Beschwerde-prävalenz (subjektive mittlere bis höhere Belastung, %)	Medikation (%)	Medizinisch indizierter weiterer Medikations-bedarf (%)
Hyperlipidämie	76,3	36,9	–	11,1	4,0
Varikosis	72,1	36,2	9,7	14,3	0,9
Zerebralarteriosklerose (ZVK)	65,0	15,2	6,1	11,7	0,5
Herzinsuffizienz	56,5	24,1	25,1	44,6	3,3
Osteoarthrosen	54,8	31,6	32,1	27,7	0,1
Dorsopathien	46,0	20,6	20,4	10,2	0,1
Hypertonie	45,6	18,4	0,8	34,0	6,1
Harninkontinenz	37,2	7,6	6,8	3,1	–
Erregungsleitungsstörung	35,7	16,7	0,6	–	–
Arterielle Verschlusskrankheit (AVK)	35,6	18,4	10,4	18,1	1,3
Herzrhythmusstörung	33,0	13,4	2,2	5,7	0,4
Chronisch obstruktive Lungenerkrankung	25,3	12,6	7,8	6,1	1,9
Osteoporose	24,1	10,3	12,3	8,1	1,6
Koronare Herzkrankheit (KHK)	23,3	17,6	10,4	30,2	3,1
PNS-Erkrankungen	20,0	9,2	6,0	5,5	0,1
Zustand nach Myokardinfarkt	19,3	11,4	0,4	5,6	0,1
Diabetes mellitus	18,5	11,3	2,9	10,9	3,3
Gicht/Hyperurikämie	15,2	4,6	1,2	3,2	1,3
Hypotonie	14,6	6,3	1,0	3,5	0,0
Chronische Obstipation	13,4	5,8	6,5	8,3	0,0
Anämie	13,1	2,9	0,9	2,4	1,7
Stuhlinkontinenz	11,3	3,0	4,1	3,5	–
Malignome	10,8	2,5	3,0	3,1	–
Gesamt					
– mindestens eine Diagnose	97,9	96,0	71,3	87,4	23,9
– fünf und mehr Diagnosen	87,7	30,2	6,0	20,7	–

Wie die subjektiven Beschwerdeprävalenzen in Tabelle 2 zeigen, ziehen viele objektivierbare Krankheiten zwar Behandlungsbedarf nach sich, jedoch nur geringe subjektive Beschwerden. Was den subjektiven Beschwerdegrad angeht, stehen die Krankheiten des Bewegungsapparates im Vordergrund. Deutliche bis erhebliche Beschwerden (meist chronische Schmerzzustände) lassen sich bei insgesamt 49 % der Über-70-Jährigen finden.

Subjektiv am belastendsten sind Krankheiten des Bewegungsapparates

Diese hohe Häufigkeit von körperlichen Erkrankungen bei älteren Patienten macht es notwendig, dass ein Psychotherapeut ein Grundwissen über die häufigsten Erkrankungen, deren subjektives Beschwerdebild, Ursachen, Verlauf und medikamentöse Behandlung hat. Als Informationsquellen und Nachschlagewerk liegen verschiedene Bücher vor (Füsgen, 2000; Raem et al., 2005).

Grundwissen über körperliche Krankheiten notwendig

Funktionelle Konsequenzen körperlicher Krankheiten im Alter. Körperliche Erkrankungen können zu funktionellen Einschränkungen führen. Diese Funktionseinbußen werden eingeteilt in den Bereich der basalen Aktivitäten des täglichen Lebens (Activities of Daily Living, ADLs) und der – fortgeschrittenen – instrumentellen ADLs (IADLs). Zu den ADLs gehören u. a. Körperpflege, Treppensteigen, Spazierengehen, Anziehen, WC-Benutzung und Essen. Zu den IADLs zählen u. a. Telefonieren, Einkaufen, Kochen, Haushaltsführung, Wäsche, Verkehrsmittel benutzen, Medikamente einnehmen und Geldgeschäfte tätigen. Funktionelle Einschränkungen schlagen sich auch im Gebrauch von Hilfsmitteln wie Brillen und Hörgeräten nieder.

ADLs und IADLs

In Tabelle 3 sind Prävalenzen der Hilfsbedürftigkeit in Aktivitäten des alltäglichen Lebens sowie des Hilfsmittelgebrauch bei 70- bis 100-Jährigen aus der Berliner Altersstudie aufgelistet (Steinhagen-Thiessen & Borchelt, 1996). Die Ergebnisse zeigen zum einen eine Zunahme der Hilfsbedürftigkeit mit steigendem Alter, zum anderen eine zumeist größere Hilfsbedürftigkeit bei den Frauen. Die gewichtete Gesamtprävalenz belegt, dass über 30 % der Senioren Hilfe beim Einkaufen und bei der Benutzung von Transportmitteln benötigen, bei basalen Tätigkeiten des alltäglichen Lebens aber nur ca. 1 % (Essen, Körperpflege) bis ca. 10 bis 15 % (Treppensteigen, Baden, Spazierengehen). Ab 85 Jahren steigt die Hilfsbedürftigkeit jedoch sprunghaft an. Dann sind über 80 % der Frauen angewiesen auf fremde Hilfe beim Einkaufen und bei der Benutzung von Verkehrsmitteln, 24 % beim Anziehen und 60 % beim Baden.

Hilfsbedürftigkeit steigt mit steigendem Alter und ist bei Frauen häufiger

Psychische Konsequenzen körperlicher Krankheiten im Alter. Im Vergleich zum jüngeren Lebensalter führen körperliche Krankheiten im Alter zu längeren Behandlungsdauern und Krankenhausaufenthalten, langfristiger Medikation sowie langfristigen Veränderungen im Leben und Alltag. Ein

Körperliche Krankheiten führen im Alter zu längeren Behandlungsdauern

Tabelle 3:
Ausgewählte Bereiche der Hilfsbedüftigkeit[1] in Aktivitäten des alltäglichen Lebens, Hilfsmittelgebrauch und sensorischen Behinderungen (in %) (nach Steinhagen-Thiessen & Borchelt, 1996, S. 169)

Prävalenzen der Hilfsbedürftigkeit in ADLs und IADLs

	70–84 Jahre		Ab 85 Jahre		Gesamt
	Männer	Frauen	Männer	Frauen	(gewichtet[2])
ADL					
Baden/Duschen	9,3	8,5	31,8	60,5	16,0
Treppensteigen	3,1	8,5	22,5	42,6	11,4
Spazierengehen	5,4	6,2	27,1	42,6	10,6
Anziehen	5,4	3,1	11,6	24,0	5,9
WC benutzen	0,8	2,3	6,2	15,5	3,2
Transfer von/zu Bett	1,6	1,6	4,7	15,5	2,7
Körperpflege	–	0,8	3,1	6,2	1,3
Essen	–	0,8	0,8	2,3	0,9
IADL					
Einkaufen	18,6	27,1	59,7	80,6	33,7
Größere Transportdistanzen	17,8	22,5	62,0	83,7	31,2
Hilfsmittel					
Brille[3]	99,2	96,9	86,6	85,5	95,6
Lupe	14,3	15,0	39,7	28,0	16,9
Hörgerät	18,3	14,1	24,4	14,3	15,5
Gehstock	14,3	14,8	56,7	44,4	20,9
Gehstütze	4,8	3,1	10,2	7,9	4,6
Deltarad	–	2,3	3,9	14,3	2,4
Rollstuhl	1,6	2,3	5,5	15,9	3,1

Anmerkungen: [1] Beinhaltet „Unterstützung erforderlich" und „vollständige Abhängigkeit";
[2] Gewichtet nach Alter und Geschlecht; berücksichtigt die Tatsache, dass es in der Berliner Bevölkerung über 70 Jahre im Vergleich zu einer nach Alter und Geschlecht geschichteten Stichprobe relativ mehr Frauen als Männer und mehr junge als alte Alte gibt;
[3] Fern- und/oder Nahbrille.

Problem: Übermaß an Behinderung

Übermaß an Behinderung und Abhängigkeit ist ein häufiges Problem. Psychische Faktoren wie Angst, Depression und ein abhängiger Persönlichkeitsstil können dazu beitragen, dass sich ein Patient beeinträchtigter verhält als er eigentlich ist. Personen mit Mobilitätsstörungen vermeiden, vielleicht aus Angst vor Schmerzen oder vor dem Fallen, aus dem Haus zu gehen. Schwer sehbehinderte Personen versuchen vielleicht wegen depressiver Antriebsschwäche keine alternativen Lesemöglichkeiten wie Bücher mit großen Buchstaben usw. Einsame Patienten genießen die Aufmerksamkeit durch das Personal im Krankenhaus oder beim Arzt.

Problem: Fehlende Akzeptanz der eigenen Fähigkeitseinschränkungen

Problematisch kann andererseits auch sein, die Fähigkeitseinschränkungen nicht zu akzeptieren und über die eigenen Grenzen zu gehen. Patienten mit einem körperlich sehr aktiven Lebensstil versuchen vielleicht, ihre Aktivitäten beizubehalten, die inzwischen jenseits ihrer Möglichkeiten liegen. Als Folge verschlechtert sich die Krankheit, der Patient erlebt Erschöpfungsreaktionen, wird häufiger wieder im Krankenhaus behandelt usw. Der Therapeut muss daher durch Befragung des Patienten, der Angehörigen und Ärzte herausfinden, wo seine körperlichen Grenzen liegen und ob er zuviel oder zuwenig versucht.

1.1.2 Klassifikation der Funktionsfähigkeit nach ICF

ICF

Zusätzlich zur bekannten ICD-Klassifikation der WHO für Krankheiten und Gesundheitsprobleme, hat die WHO neu eine Internationale Klassifikation der Funktionsfähigkeit, Behinderung und Gesundheit, ICF, herausgegeben (WHO, 2005). Die ICD-10 dient mit ihrer Krankheitsklassifikation dazu, eine international einheitliche Sprache zu bieten. Sie hat aber dort ihre Grenzen, wo nicht über Krankheiten selbst, sondern über die mit ihnen einhergehenden funktionalen Probleme gesprochen wird. Die ICF bietet für diese funktionalen Probleme eine einheitliche Sprache. Da Funktionseinschränkungen meist mit chronischen Krankheiten und Alter einhergehen, ist die ICF besonders für Psychotherapie und Rehabilitation im Alter relevant.

Zwei Hauptteile der ICF

Zwei Hauptteile der International Classification of Functioning, Disability, and Health (ICF)

1. Funktionsfähigkeit und Behinderung
   a) Körperfunktionen (physiologische und psychische Funktionen von Körpersystemen) und Körperstrukturen (anatomische Teile des Körpers)
   b) Aktivitäten (Durchführung einer Handlung) und Teilhabe (Einbezogensein in eine Lebenssituation)
2. Kontextfaktoren
   a) Umweltfaktoren (Merkmale der materiellen, sozialen und einstellungsbezogenen Umwelt), z.B. Produkte und Technologien, Unterstützung und Beziehungen, Einstellungen anderer, Dienste
   b) Personbezogene Faktoren (persönlichen Eigenschaften)

Alle Komponenten der ICF können mit positiven und negativen Begriffen beschrieben werden: Welche Körperfunktionen und -strukturen sind geschädigt oder funktionsfähig? Welche Aktivitäten und Partizipation ist beeinträchtigt, welche nicht? Welche positiven und negativen Kontextfaktoren sind vorhanden?

Die funktionale Gesundheit ergibt sich aus der Wechselwirkung von Person, Krankheit (ICD) und Kontextfaktoren (ICF)

Der Zustand der funktionalen Gesundheit einer Person kann als das Ergebnis der Wechselwirkung zwischen der Person mit einer Krankheit (ICD-10) und ihren Kontextfaktoren (ICF) operationalisiert werden. Aus der Identifizierung dieser Zusammenhänge können Interventionsstrategien abgeleitet werden. Ein Beispiel (vgl. Abb. 1): Ein 73-jähriger Patient, dessen Frau kürzlich verstorben ist, leidet seit acht Jahren an Arthrose, einem zunehmenden Knorpelabrieb der Gelenke. Wegen der Schmerzen ist die Funktion seiner Gelenke beeinträchtigt, viele Bewegungen kann er gar nicht mehr oder nur unter Schmerzen durchführen. Dies behindert ihn beim An- und Auskleiden und Duschen (Selbstversorgung) und reduziert seine sozialen Kontakte. Die Schmerzen, die soziale Inaktivität und schließlich der Tod der Ehefrau trugen zu einer depressiven Störung bei, die die soziale Isolation verstärkte. Die häufigsten sozialen Kontakte ergeben sich mit dem Pflegedienst (Umweltfaktoren). Hoffnungslosigkeit und andere dysfunktionale Einstellungen sind Folge und zugleich Einflussfaktoren auf den psychischen und physischen Gesundheitszustand.

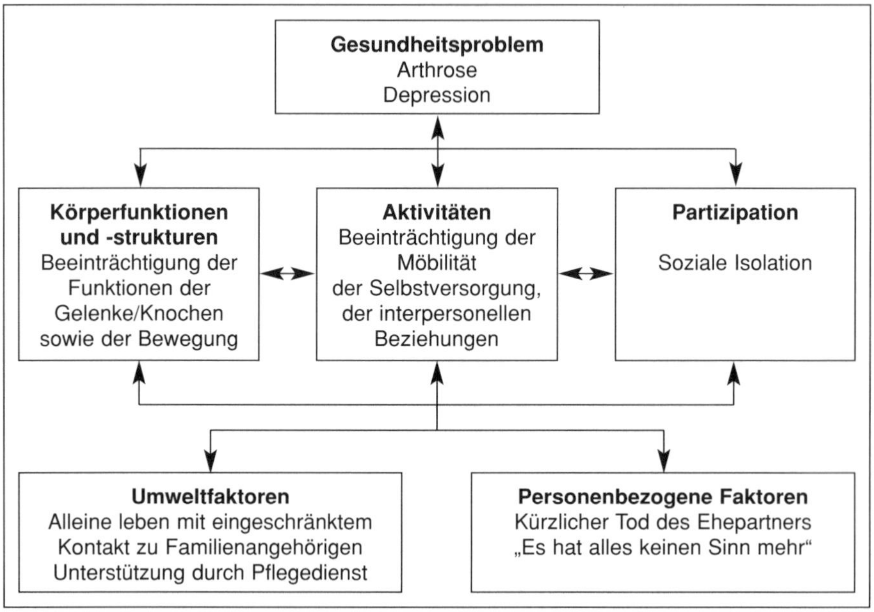

Abbildung 1:
Schematische Zusammenfassung des Fallbeispiels (siehe Text) zur Einschätzung der Funktionsfähigkeit nach der ICF

Dieses Fallbeispiel macht deutlich, wie sehr die körperliche Beeinträchtigung zum psychischen Zustand beiträgt und, umgekehrt, wie die Depression gesundheitsförderliche Aktivitäten verhindern. Eine Psychotherapie sollte daher sowohl die Bewältigung der chronischen Krankheit zum Thema haben als auch die depressive Störung.

Aus der Beurteilung mittels ICF ergeben sich Interventionsstrategien

1.1.3 Verlauf und Prognose

Viele der körperlichen Erkrankungen im Alter sind chronische Erkrankungen (vgl. Tab. 2). Der Patient wird sie bis an sein Lebensende haben. Sie sind gewöhnlich behandlungsbedürftig und verlaufen progredient. Außerdem beeinflussen sich häufig chronische Krankheiten einander gegenseitig negativ (z. B. Bluthochdruck, Fettstoffwechselstörungen und Diabetes mellitus). Depression und Angst im Alter sind Risikofaktoren für körperliche Funktionseinschränkung und verschlechtern den Verlauf körperlicher Erkrankungen wie Krebs, Schmerz, Herzerkrankung, Diabetes und Lungenkrankheiten. Dies gilt aber auch umgekehrt: körperliche Behinderung ist ein Risikofaktor für Depression (Lenze et al., 2001).

Viele chronische Erkrankungen im Alter

Depression und Angst sowie körperliche Funktionseinschränkung beeinflussen sich gegenseitig

Krankheiten im Alter haben im Vergleich zu früheren Lebensphasen den Nachteil, dass die Genesung längere Zeit benötigt. Dies führt u. a. zu längeren Verweildauern in geriatrischen Abteilungen (von Renteln-Kruse, 2001). Je höher die Multimorbidität, desto länger verweilt ein Patient im Krankenhaus.

Längere Genesungszeit im Alter

In Tabelle 2 sind unter anderem der gedeckte und ungedeckte Medikationsbedarf aufgelistet. 87 % der Älteren erhielten laut Berliner Altersstudie eine oder mehrere regelmäßige Medikamente (Steinhagen-Thiessen & Borchelt, 1996). Bei insgesamt 24 % war die Medikation allerdings nicht optimal. Folgen von Untermedikation sind z. B. ein erhöhtes Schmerzausmaß und eine verzögerte Heilung. Fehlende Compliance und eine generelle Ablehnung von Medikamenten sind patientenseitige Gründe für Untermedikation.

Die meisten Älteren erhalten Medikamente, ein Viertel sind unzureichend versorgt

Erlebt eine ältere Person einmal Funktionseinschränkungen, bedeutet dies nicht, dass sie sich kontinuierlich verschlechtern. Etwa 30 % funktionseingeschränkter Senioren bleibt auf gleichem Niveau, etwa 10 bis 20 % verbessern sich hinsichtlich der Funktionsfähigkeiten (von Renteln-Kruse, 2001).

Unterschiedlicher Verlauf der Funktionseinschränkungen

1.1.4 Differenzialdiagnostische Aspekte

Die verschiedenen Arten der Zusammenhänge zwischen körperlichen und psychischen Störungen sind in Tabelle 4 dargestellt.

Tabelle 4:
Die verschiedenen Arten der Zusammenhänge zwischen körperlichen und psychischen Störungen (nach Ehlert, 2003)

Verschiedene Arten der Zusammenhänge zwischen körperlichen und psychischen Störungen

Art des Zusammenhang	Beispiel
Psychische Störung als Folge einer körperlichen Erkrankung	Anpassungsstörung mit depressiver Verstimmung infolge einer Karzinomerkrankung
Psychische Störung als eine Nebenwirkung der Therapie einer körperlichen Erkrankung	Psychose infolge einer Kortisontherapie bei rheumatischen Erkrankungen
Psychische Störung als Bestandteil einer körperlichen Erkrankung	Depression bei der Stoffwechselstörung Porphyrie
Körperliche Erkrankung als Folge einer psychischen Störung	Leberzirrhose infolge von Alkoholismus
Körperliche Erkrankung als Folge einer Therapie der psychischen Störung	Dyskinesien nach Neuroleptikagaben bei psychotischen Erkrankungen
Körperliche Erkrankung als Bestandteil einer psychischen Störung	Somatisches Syndrom bei Altersdepression
Zwei voneinander unabhängige Erkrankungen	Fraktur und Schizophrenie

Interdisziplinäre Diagnostik und Behandlung ist notwendig

Eine gründliche, meist interdisziplinäre Diagnostik ist notwendig, um die Ansatzpunkte für eine Behandlung definieren zu können, die sowohl an der körperlichen als auch an der psychischen Symptomatik ansetzt. Insbesondere bei körperlichen Beeinträchtigungen und Funktionseinschränkungen, für dessen Erklärung der objektive Befund nicht ausreicht, sind psychobiologische Erklärungsansätze und Behandlungsstrategien notwendig. Bei einer chronischen körperlichen Erkrankung sollte sich die psychotherapeutische Mitversorgung an der medizinischen Behandlung orientieren, um die Compliance zu erhöhen.

Ziel: Aufbau der Compliance

Wenn ältere Patienten nur körperliche Symptome präsentieren, auch nach psychischen Problemen fragen!

Wenn eine komorbide körperliche und psychische Symptomatik vorliegt (z. B. Schmerzsyndrom und Depression), neigen zumindest jüngere Patienten oft dazu, ihre körperlichen Symptome mit dem Arzt und die psychischen Probleme mit einem Psychiater oder Psychologen zu besprechen. Dies verhindert oft eine korrekte Diagnosestellung. Ein Ausweg ist, trotz körperlicher Beschwerden eine sorgfältige psychische Diagnostik durchzuführen und beide Informationsquellen zusammenzuführen. Dies erfordert eine enge Kommunikation zwischen ärztlichen und psychotherapeutischen Behandlern. Bei älteren Patienten werden dagegen für beide Arten von Problemen meist nur Ärzte angesprochen, die bisher häufig noch keine Psychologen oder Psychiater hinzuziehen.

1.2 Veränderungen des Denkens und der Gedächtnisfunktionen

1.2.1 Bezeichnungen und Definitionen nach ICD-10

Altersbedingter kognitiver Abbau

Altersbedingter kognitiver Abbau. Normales Altern geht mit der Beeinträchtigung kognitiver Funktionen einher, z. B. von visuell-räumlicher Fähigkeit, Gedächtnis, Exekutivfunktionen, Sprache, Denken. Wenn ältere Menschen über subjektiv belastende Probleme berichten, wie das Erinnern von Namen und Verabredungen, und in einem diagnostischen Prozess (s. Kap. 3) als Ursache jedoch eine spezifische psychische oder neurologische Störung ausgeschlossen werden kann, bietet das DSM-IV die Kategorie des *Altersbedingten kognitiven Abbaus* an (ICD-Code: R41.8).

ICD-10: Leichte kognitive Störung

Leichte kognitive Beeinträchtigung (Mild Cognitive Impairment, MCI). Der Bereich zwischen einer nichtpathologischen kognitiven Beeinträchtigung im Alter und den stark beeinträchtigenden Demenzformen wird in der Literatur mit verschiedenen Konzepten beschrieben. Die ICD-10 bietet die Diagnose einer *Leichten kognitiven Störung* an. In den letzten Jahren hat sich jedoch das Konzept der *Mild Cognitive Impairment (MCI)* etabliert. Am häufigsten in der klinischen Praxis ist der Subtyp der Amnestischen MCI, d. h. einer leichten Gedächtnisbeeinträchtigung ohne Einschränkungen in anderen kognitiven Bereichen.

MCI

Amnestisches MCI

Kriterien für eine Amnestische Mild Cognitive Impairment (MCI) (Petersen, 2004)
1. Klage über Abnahme des Gedächtnisses (wenn möglich wird die Abnahme auch durch Dritte bestätigt). 2. Objektive Abnahme des Gedächtnisses. 3. Weitgehend erhaltene allgemeine kognitive Funktionen. 4. Weitgehend intakte funktionale Aktivitäten des täglichen Lebens. 5. Keine Demenz.

Die Funktion von Gedächtnis und anderen kognitiven Fähigkeiten wird mit entsprechenden Verfahren gemessen (Kap. 3.4). Ein Wert von 1.5-mal Standardabweichung unter der Altersnorm wird als Cut-off-Punkt empfohlen (Petersen, 2004). Ein weiterer MCI-Subtyp ist die Multiple Domain MCI, bei dem der Patient Beeinträchtigungen in mehreren Bereichen wie Sprache, Exekutivfunktionen und visuell-räumlichen Fertigkeiten aufweist, entweder mit oder ohne Gedächtnisbeeinträchtigung. Außerdem wird die Single Non-memory MCI beschrieben, die durch eine Beeinträchtigung in einer einzelnen kognitiven Funktion, jedoch nicht der Gedächtnisfunktion, definiert ist. Bei diesen Subtypen müssen ebenfalls die funktionellen Aktivitäten intakt sein und es darf keine Demenz vorliegen.

Multiple Domain MCI

Single Non-memory MCI

Demenz. Die Begriffe Demenz(syndrom) und Demenzerkrankungen können unterschieden werden. Bei verschiedenen Erkrankungen kann ein demenzielles Syndrom auftreten (z. B. Wallesch & Förstl, 2005).

ICS-10: Demenzsyndrom

Allgemeine Kriterien für eine Demenz nach ICD-10

G1. Kognitive Defizite in zwei Bereichen:
1. Abnahme des Gedächtnisses (Beeinträchtigung des Lernens neuer Information oder Erinnerung früher gelernter Informationen).
2. Abnahme anderer kognitiver Fähigkeiten (Verminderung der Urteilsfähigkeit und des Denkvermögens, z. B. der Fähigkeit zu planen und zu organisieren und der Informationsverarbeitung).

G2. Fehlen einer Bewusstseinstrübung wie im Delir.

G3. Emotionale, motivationale oder soziale Beeinträchtigung in mind. einem von vier Bereichen:
1. Emotionale Labilität
2. Reizbarkeit
3. Apathie
4. Vergröberung des Sozialverhaltens

G4. Zeitkriterium: G1 seit mind. 6 Monaten vorhanden

Es wird vorausgesetzt, dass der Kliniker angemessene und geeignete Instrumente wählt, um die Defizite zu erfassen (Kap. 3.4.2). Wenn die Diagnose einer allgemeinen Demenz gestellt wurde, wird nach potenziellen Ätiologien gesucht, und zwar mittels der Beurteilung von Beginn, Verlauf, Art der kognitiven Defizite sowie der Ergebnisse von Labortests und bildgebenden Verfahren. Die häufigsten Störungen, bei denen eine Demenz auftreten kann, sind die Alzheimer-Krankheit und vaskuläre Erkrankungen. Die folgende Liste (mit ICD-10-Codes) zeigt allerdings, dass eine Reihe weiterer Erkrankungen zu einer Demenz führen können.

Klassifikation der Demenzen nach ICD-10	
F00.	Demenz bei Alzheimer-Krankheit (AD)
F00.0	AD mit frühem Beginn
F00.1	AD mit spätem Beginn
F00.2	AD, atypische oder gemischte Form (auch AD und Vaskuläre Demenz gemischt)
F01	Vaskuläre Demenz (VD)
F01.0	VD mit akutem Beginn
F01.1	Multiinfarkt-Demenz
F01.2	Subkortikale vaskuläre Demenz
F01.3	Gemischte (kortikale und subkortikale) vaskuläre Demenz
F01.8	Sonstige vaskuläre Demenzformen
F02	Demenz bei andernorts klassifizierten Erkrankungen
F02.0	Demenz bei Pick-Krankheit
F02.1	Demenz bei Creutzfeld-Jakob-Krankheit
F02.2	Demenz bei Huntington-Krankheit
F02.3	Demenz bei Parkinson-Krankheit
F02.4	Demenz bei HIV-Krankheit
F02.8	Demenz bei sonstigen andernorts klassifizierten Krankheitsbildern

Verschiedene Demenzerkrankungen

Alzheimer-Demenz (AD) ist die häufigste Demenzerkrankung

Die Demenz bei Alzheimer-Krankheit (AD) ist eine primäre degenerative zerebrale Erkrankung mit bisher unbekannter Ätiologie (Wallesch & Förstl, 2005). In der Anamnese, bei der körperlichen Untersuchung oder speziellen diagnostischen Verfahren dürfen keine Hinweise auf eine andere Ursache der Demenz oder Substanzmissbrauch gefunden werden. Typisch ist AD mit spätem Beginn (ab 65 Jahren), die mit einem langsamen Beginn und einer allmählichen Progredienz (drei oder mehr Jahre) einhergeht.

Vaskuläre Demenz (VD) ist die zweithäufigste Demenzerkrankung

Multiinfarkt-Demenz

Die Vaskuläre Demenz (VD) ist Folge einer zerebrovaskulären Krankheit, die durch die medizinische Untersuchung nachgewiesen werden muss (Wallesch & Förstl, 2005). Die kognitiven Defizite sind ungleich ausgeprägt, z. B. kann das Gedächtnis stark eingeschränkt, das Denken jedoch relativ unbeeinträchtigt geblieben sein. Der Beginn der VD liegt gewöhnlich im höheren Lebensalter. Einer VD mit akutem Beginn gehen ein einzelner oder mehrere größere Schlaganfälle voraus. Die Multiinfarkt-Demenz beginnt dagegen allmählich (d. h. innerhalb von drei bis sechs Monaten) nach mehreren kleineren ischämischen Episoden, die eine Anhäufung von Infarkten im Hirngewebe verursachen. Da durch die modernen bildgebenden Verfahren immer leichter kleine und kleinste Infarkte nachgewiesen werden, ist eine gemischte AD und VD (F00.2) recht häufig.

Psychotische und affektive Symptome werden an 5. Stelle kodiert

Zusätzliche Symptome und Schweregrad der Demenz
Die fünfte Stelle der ICD-10-Diagnose kodiert zusätzliche Symptome: .x0 ohne zusätzliche Symptome .x1 zusätzliche Symptome, vorwiegend wahnhaft .x2 zusätzliche Symptome, vorwiegend halluzinatorisch .x3 zusätzliche Symptome, vorwiegend depressiv .x4 zusätzliche gemischte Symptome
Die sechste Stelle kodiert den Schweregrad: .xx0 leicht (die Fähigkeit, selbstständig zu leben, ist weitgehend erhalten trotz Beeinträchtigungen in sozialen Aktivitäten und Arbeit.) .xx1 mittelgradig (eine selbstständige Lebensführung ist nur unter Schwierigkeiten möglich, Pflege ist in einem gewissen Grad nötig.) .xx2 schwer (permanente Pflege ist notwendig.)

Schweregrad wird an 6. Stelle kodiert

Nichtkognitive Symptome große Belastung für Betreuer

Die ICD-10-Codes bilden nur unzureichend die zusätzlichen, sog. nichtkognitiven Symptome ab. Diese stellen jedoch eine große Belastung für die Betreuer der Demenzkranken dar, und häufig sind sie der eigentliche Grund für die Unterbringung in einem Pflegeheim.

Kategorien der Störungen des Erlebens und Verhaltens bei Demenz

Folgende Störungen des Erlebens und Verhaltens sind häufig:

- Affektive Störungen: Depression, Angst, Aggressivität und Reizbarkeit, Euphorie.
- Gesteigertes Aktivitätsniveau: Herumwandern, Schreien, verbale und physische Aggressivität, Hyperaktivität, Sammeln.
- Reduziertes Aktivitätsniveau: Apathie, eingeschränkte Kommunikationsfähigkeit.
- Neurovegetative Veränderungen: gestörter Schlaf-Wach-Rhythmus, verändertes Essverhalten, Hypo- oder Hypersexualität.
- Produktiv-psychotische Störungen: Wahn, Halluzination, wahnhafte Missidentifikation.

1.2.2 Epidemiologische Daten

Prävalenz der MCI: 3 bis 19 %

Die Prävalenz von MCI liegt zwischen 3 % und 19 % bei Menschen über 65 Jahre, mit einer Inzidenz von 8 bis 58 pro 1.000 Neuerkrankungen im Jahr. Die Prävalenzen der Demenzerkrankungen liegt bei 70- bis 100-Jährigen in der Berliner Altersstudie bei insgesamt 13,8 % (Wernicke, Linden, Gilberg & Helmchen 2000). Die Prävalenzraten für Demenz steigen im höheren Lebensalter exponentiell an. Sie liegen bei unter 2 % im Alter von 65 Jahren und verdoppeln sich bis zum Alter von 85 Jahren etwa alle 5 Jahre (Wallesch & Förstl, 2005). Die Ergebnisse mehrerer europäischer Feldstudien sind in Abbildung 2 zusammengefasst (Lobo et al., 2000).

Prävalenz der Demenz steigt mit dem Alter exponentiell an

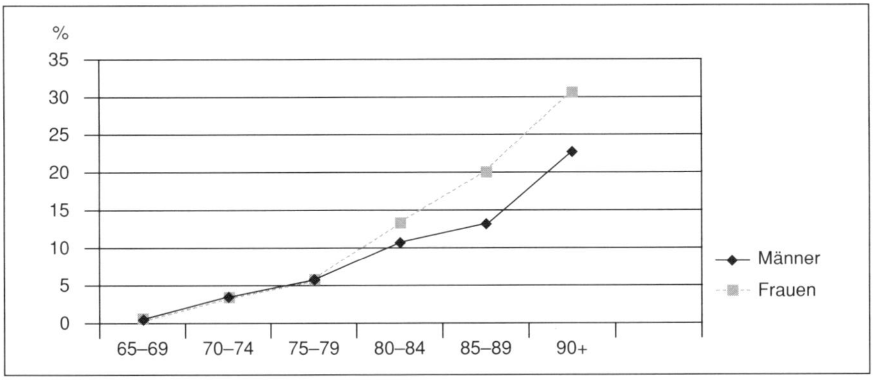

Abbildung 2:
Prävalenz der Demenz in verschiedenen Altersstufen, getrennt nach Geschlecht (gepoolte Prävalenz in mehreren europäischen Feldstudien; Lobo et al., 2000)

Die AD ist die häufigste Demenzerkrankung. In der erwähnten Übersicht verschiedener europäischer Studien fand sich in 53,7 % der Demenzen eine AD und in 15,8 % eine VD (Lobo et al., 2000). Mischformen einer AD mit VD machen ca. 25 % aus (s. Abb. 3).

Mischformen der AD und VD sind häufig

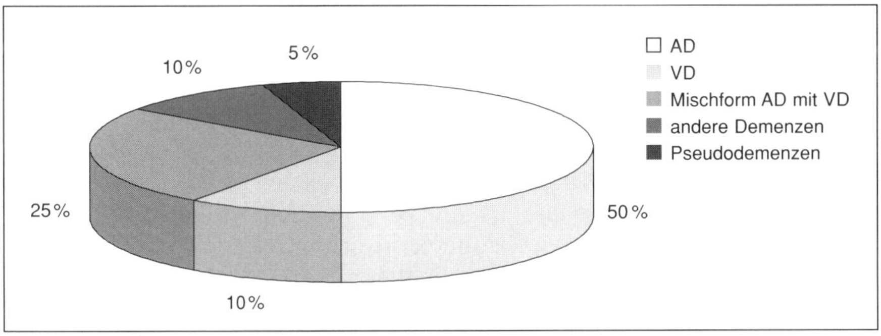

Abbildung 3:
Verteilung der Demenzformen

1.2.3 Verlauf und Prognose

Leichte kognitive Beeinträchtigung (MCI). Patienten mit MCI haben ein erhöhtes Risiko, eine Demenz, meist AD, zu entwickeln. Petersen (2004) berichtet, dass in einer Studie MCI-Patienten mit einer Rate von 12 % pro Jahr eine Demenz entwickelten, was verglichen mit der Rate von 1 bis 2 %

Häufige Konversion von MCI zu Demenz

pro Jahr für die Progression vom normalen kognitiven Funktionieren zu Demenz beträchtlich ist. Nach 6 Jahren haben sogar 80 % der anfangs mit MCI diagnostizierten eine Demenz entwickelt. MCI-Patienten haben auch eine höhere Sterblichkeit und weisen eine schnellere Verschlechterung verschiedener kognitiver Fähigkeiten auf. Nachfolgestudien haben zwar teilweise niedrigere Konversionsraten gefunden, nachgewiesen ist aber, dass MCI-Patienten eine Risikogruppe für Demenzerkrankungen darstellen (Gauthier et al., 2006).

AD: langsame und kontinuierliche kognitive Verschlechterung

Alzheimer Demenz (AD). Die AD ist mit einer langsamen, mehr oder weniger kontinuierlichen kognitiven Verschlechterung verbunden (Wallesch & Förstl, 2005). Bei 10 bis 20 % der Patienten werden Plateaus beibehaltender Fähigkeiten über einen bestimmten Zeitraum gehalten. Zeitweise können kognitiven Funktionen sogar wieder verbessert werden, wenn die begleitende affektive oder wahnhaft-halluzinatorische Symptomatik erfolgreich behandelt werden kann. Der individuelle Verlauf eines Patienten kann jedoch nicht zuverlässig vorhergesagt werden.

Frühzeichen der AD

Frühzeichen einer AD sind Vergesslichkeit, sozialer Rückzug, Interessenverlust, Schwierigkeiten bei beruflichen oder anderen komplexen Tätigkeiten, Depressivität, häufigeres Verlegen und Suchen von Dingen, Verfahren oder Verlaufen in fremder Umgebung. Da sich die Symptome mit denen einer Depression stark überschneiden, ist eine sorgfältige differenzialdiagnostische Untersuchung notwendig. Im leichten Demenz-Stadium ist die Gedächtnisstörung das prominenteste Symptom.

AD: Lebenserwartung nach Diagnosestellung im Mittel 5 bis 8 Jahre

AD: Antidementiva zögern die Progression um 1 Jahr hinaus

Nach durchschnittlich drei Jahren seit Diagnosestellung wird das mittelschwere Stadium erreicht, nach sechs Jahren das der schweren Demenz. Dieses letzte Stadium ist durch schwere kognitive Störungen gekennzeichnet, die Patienten erkennen nicht einmal mehr enge Verwandte. Die Lebenserwartung nach Diagnosestellung beträgt im Mittel 5 bis 8 Jahre, wobei wesentlich kürzere und längere Verläufe nicht selten sind. Die Progression der AD kann durch Antidementiva um etwa ein Jahr hinausgezögert werden. Prädiktoren eines schnelleren Verlaufs sind Aggressivität, Wahn, Halluzinationen sowie extrapyramidal-motorische Störungen.

VD: sehr variabler Verlauf

Vaskuläre Demenz (VD). Der Verlauf der VD ist sehr variabel. Die Lebenserwartung der Patienten mit einer VD ist um ca. 50 % reduziert gegenüber nichtdementen Gleichaltrigen (Wallesch & Förstl, 2005). Der durchschnittliche Krankheitsverlauf vom Beginn der ersten Symptome bis zum Tod beträgt ca. fünf Jahre. Todesursachen sind in ca. 30 % der Fälle die Komplikationen der Demenz selbst (meist Bronchopneumonien), ebenfalls in ca. 30 % der Fälle erneute zerebrovaskuläre Ereignisse, ca. 10 % kardiovaskuläre Erkrankungen und für die restlichen Fälle viele verschiedene Ursachen.

1.2.4 Differenzialdiagnostische Aspekte

MCI und andere Störungen. Differenzialdiagnostisch kommen verschiedene Ursachen leichtgradiger kognitiver Leistungsstörungen in Betracht (Wallesch & Förstl, 2005):

Differenzialdiagnose bei MCI

- Altersbedingter Rückgang,
- überbesorgte oder hypochondrische Selbstbeobachtung bei normaler Leistung,
- funktionelle Konzentrations- und Gedächtnisstörungen bei Depression oder andern chronischen psychischen Belastungen,
- Residualsyndrom bei Psychosen,
- Vorstadium anderer degenerativer Demenzerkrankungen,
- unerkannte Insulte oder diffuse vaskuläre Schädigung,
- sonstige organische neurologische oder internistische Erkrankungen,
- Substanzmissbrauch.

Depression ist wichtige Differenzialdiagnose bei MCI

Eine häufige Differenzialdiagnose ist die Konzentrations- und Gedächtnisstörung bei Depression. Diese Patienten zeigen subjektive Gedächtnisstörung im Alltag und einen hohen Leidensdruck, aber normale oder nur leicht subnormale Testleistungen. Bei weiteren depressiven Symptomen sollte die Exploration und Fremdanamnese in diese Richtung durchgeführt werden. Zwischen MCI und AD sind die wichtigsten Unterscheidungsmerkmale die fehlende emotionale, motivationale oder soziale Beeinträchtigung bei der MCI.

Differenzialdiagnose bei Demenz beruht auf neuropsychologischen und medizinischen Verfahren

Differenzialdiagnose zwischen AD und VD

Verschiedenen Demenzerkrankungen. Die Differenzialdiagnose verschiedener Demenzerkrankungen ist sehr komplex und beruht auf der Durchführung verschiedener Labortests, neurophysiologischer, neuropsychologischer und bildgebender Verfahren (Wallesch & Förstl, 2005). Der Hauptunterschied zwischen AD und VD ist, dass zur Diagnose einer VD positive diagnostische Indikatoren vorliegen müssen, nämlich fokale neurologische Zeichen, Belege für Infarkte in der Computer-Tomographie (CT) oder der Magnet-Resonanz-Tomographie (MRT) sowie Belege für einen abrupten Beginn oder stufenweisen Verlauf. AD dagegen wird nur diagnostiziert, wenn es keine Belege für andere Ursachen gibt. In der Praxis ist es jedoch nicht immer möglich, zwischen AD und VD zu differenzieren, da es Patienten gibt, bei denen die Symptomatik allmählich beginnt und verläuft, und zusätzlich ein oder mehrere kleine Infarkte nachzuweisen sind. Dann kann eine Mischform aus AD und VD diagnostiziert werden. Zur Abgrenzung der AD und VD wird häufig der Ischämie-Score von Rosen, Terry und Fuld (1980) verwendet, in dem für das Vorliegen von Befunden, die für VD sprechen, einzelne Punkte vergeben werden.

Ischämie-Score

Depression und Demenz. Die Symptome von Depressionen im Alter und Demenz überlappen sich zum Teil, daher ist die Differenzialdiagnostik oft

Kognitive Störungen bei Depression im Alter häufiger als im jüngeren Erwachsenenalter

nicht leicht. In Tabelle 5 sind die wichtigsten Unterschiede zwischen einer Alzheimer-Demenz und einer Depression dargestellt. Kognitive Störungen treten bei Altersdepressionen wesentlich häufiger auf als bei Depressionen im jüngeren Lebensalter. Andererseits sind depressive Verstimmungen in der Frühphase der AD häufig (bis zu 25 % gemeinsames Auftreten). Eine häufig verwendete diagnostische Daumenregel besagt, dass ein älterer depressiver Patient unberührt und desinteressiert an den Fragen des Untersuchers ist, während ein dementer Patient interessiert ist und sich bemüht, aber versagt. Eine weitere Daumenregel ist, dass sich der Gedächtnisverlust Dementer zunächst nur auf die letzten Jahre bezieht, der Depressiver eher global ist. Da dies aber nur Daumenregeln sind, helfen sie nicht zuverlässig. Im klinischen Vorgehen ist daher zu empfehlen, einen Behand-

Hinweise zur Differenzialdiagnose zwischen AD und Depression

Tabelle 5:
Differenzialdiagnose Alzheimer-Demenz und Depression (nach Hautzinger, 2000)

Bereich	Alzheimer-Demenz	Depression
Beginn	Schleichend	Graduell, aber schneller
Dauer	Seit Monaten oder Jahren	Seit Wochen oder Monaten
Verlauf	Gleichmäßig progressiv	I. d. R. am Morgen schlechter
Orientierung	Häufig beeinträchtigt zu Zeit und Ort	I. d. R. normal
Gedächtnis	Für kürzer Zurückliegendes beeinträchtigt, manchmal auch länger Zurückliegendes	Manchmal für kürzer Zurückliegendes beeinträchtigt, für länger Zurückliegendes intakt
Gedanken	Verlangsamt, reduziertes Interesse, Perseverationen	I. d. R. verlangsamt, traurige und hoffnungslose Gedanken, Selbstmordgedanken
Emotionen	Verflacht, labil, reizbar	Traurig-depressiv, ängstlich, verflacht, Gefühlsschwankungen über den Tag
Klagen	Keine Klagen, eher Verbergen der kognitiven Defizite	Klagsame Haltung, Herausstellung der kognitiven Defizite
Schlaf	Oft gestört, mit nächtlichem Wandern, Umkehrung des Schlaf-Wach-Rhythmus	Früherwachen
Leistung	bei Tests konsistente schlechte Leistungen	bei Tests variierende Leistungen
Weiteres	Misstrauisches, unkooperatives Verhalten	Depressive Episoden in der Vorgeschichte

lungsversuch der Depress… en, üblicherweise mit kombinierter Psychotherapie und Pharma… und zu beobachten, ob sich die kognitive Beeinträchtigung ve… nn sich die Depression verbessert, die demenzielle Symptoma… ibt, sollte nach anderen Ursachen der kognitiven Beeinträchtig… werden.

Behandlungsversuch der Depression und Verlauf der kognitiven Beschwerden beobachten

1.3 Veränderungen der Emot… tivation und sozialen Beziehungen

1.3.1 Allgemeine und lebensereignis… ene Veränderungen

Altersbedingte emotionale, motivationale und soziale … erungen. Die in diesem Abschnitt angesprochenen Bereiche können – … gensatz zu den bisher beschriebenen alterbezogenen Änderungen – zu … tiven Veränderungen führen. Tabelle 6 zeigt dies für wichtige Phänome… den Bereichen der Emotion, Motivation, Volition, interpersonalen F… keiten und sozialen Beziehungen. Es zeigt sich, dass sich ein alternder M… ch in diesen Bereichen eine ganze Reihe von Ressourcen erwerben kan… positive Affektbilanz, Stabilität der Kontroll- und Kompetenzüberzeugungen, kompetentere Selbstregulation und Zunahme an sozialer Verantwortung sowie Vergebungsbereitschaft. Soziale Beziehungen werden zwar weniger, aber diese steigen in ihrer emotionalen Bedeutung. Wie einleitend gesagt, gibt es im Alter eine besonders große interindividuelle Varianz in diesen Bereichen. Personen mit starken Ausprägungen in diesen psychischen Ressourcen weisen im Allgemeinen eine bessere körperliche und psychische Gesundheit, eine bessere Stressbewältigungsfähigkeit, zufriedenere soziale Beziehungen und eine größere Lebenszufriedenheit auf (Überblick bei Forstmeier, Uhlendorff & Maercker, 2005).

Emotionale, motivationale und soziale Ressourcen im Alter

Positive Affektbilanz

Weniger, aber emotionale bedeutsamere soziale Beziehungen

Angesichts der zunehmenden körperlichen und kognitiven Abbauprozesse sowie der im nächsten Abschnitt dargestellten alterstypischen negativen Lebensereignisse stellt sich die Frage, warum das allgemeine subjektive Wohlbefinden bis ins Alter stabil bleibt (und erst im sehr hohen Alter etwas abnimmt). Dieser Sachverhalt wird als „Wohlbefindensparadox" bezeichnet. Als Erklärung dieses Paradoxons können die beschriebenen Ressourcen herangezogen werden sowie die kumulierte Bewältigungs- und Lebenserfahrung. In verschiedenen Studien zeigte sich, dass reife Bewältigungsformen (z. B. aus Problemen Erfahrungen ableiten, Uminterpretation der Situation) mit dem Alter zunehmen, dagegen unreife (z. B. Projektion, andere beschuldigen) abnehmen. Dabei scheint das Zurückgreifen auf die Lebenserfahrungen eine bedeutsame Rolle zu spielen. Ein weiterer Grund für das Wohlbefindensparadox können die Verwendung temporaler Abwärtsvergleiche („heute geht es mir trotz allem besser als damals") und sozialer Abwärtsvergleiche („mir geht es immer noch besser

Wohlbefindensparadox

Reife Bewältigungsformen nehmen mit dem Alter zu

Temporale und soziale Abwärtsvergleiche

Hauptsächliche Veränderungen von Emotion, Motivation, Volition, interpersonalen Fähigkeiten und sozialen Beziehungen

Die hauptsächlichen Veränderun…

Bereich	…bedingte Veränderungen
Emotion	… überwiegen wie im jüngeren und mittleren … gegenüber negativen, wobei negative Emotionen – Positiv… abnehmen und positive relativ stabil bleiben. Erwa… Ausdruck negativer Gefühle wird mit dem Alter … Ausdruck positiver Gefühle dagegen nicht. – D… Beziehung zwischen Lebenszufriedenheit bzw. Selbst-… und Alter: Anstieg bis etwa 65 bis 70 Jahre, dann … Abfall.
Motivation	…ei Frauen nimmt das Leistungsmotiv deutlich ab, das Beziehungsmotiv tritt in den Hintergrund, das Machtmotiv verändert sich nicht. Bei Männern nimmt das Leistungs- und Machtmotiv ab, das Beziehungsmotiv nicht. – Zunahme der Motivation, emotionale Bedeutung im Leben zu finden, Abnahme der Motivation, neue Lebenserfahrungen zu machen. – Internale Kontrollüberzeugungen bleiben relativ stabil, während externale zunehmen. – Eine optimistische Selbstwirksamkeitserwartung bleibt erhalten, wenn man sich im Leistungsbereich nicht mit jüngeren Menschen, sondern mit Personen im selben Alter vergleicht.
Volition	– Ältere Menschen haben bessere selbstregulatorische Fähigkeiten als jüngere. – Ältere Menschen können ihre Emotionen besser kontrollieren als jüngere. – Akkomodative Tendenzen (flexible Zielanpassung) nehmen im Alter zu, assimilative Tendenzen (hartnäckige Zielverfolgung) ab.
Interpersonale Fähigkeiten	– Altruistisches Verhalten und soziale Verantwortung nehmen mit dem Alter zunächst zu und im hohen Lebensalter wieder ab. – Die Vergebungsbereitschaft scheint bei älteren Menschen größer zu sein als bei jüngeren. – Die Sensibilität für Humor sowie Lachen als Ausdruck nimmt mit dem Alter ab.
Soziale Beziehungen	– Die Gesamtgröße des sozialen Netzwerkes nimmt im höheren Lebensalter ab. – Ältere Menschen sind zufrieden mit diesem verkleinerten Netzwerk und haben, verglichen mit jüngeren, relativ mehr enge und befriedigende Beziehungen mit Verwandten oder Freunden bis ins hohe Alter. – Das reduzierte soziale Netzwerk von Bewohnern von Altenheimen befriedigt wichtige Bedürfnisse, aber Beziehungen, die durch häufigeren und regelmäßigen Kontakt geprägt sind, leiden im Altenheim. – Im Vergleich zu jüngeren Paaren zeigen ältere Paare ein geringeres Risiko für Konflikte, die Lösung von Konflikten läuft weniger emotional negativ ab.

Anmerkung: Literaturverweise und weitere Informationen findet der Leser bei Forstmeier et al. (2005).

als …“) angenommen werden. Es ist allerdings anzunehmen, dass die angepasste Wohlbefindensregulation dort ihre Grenze hat, wo die ständige Zunahme der Verluste nicht ausreichend kompensiert werden kann. Dies kann bei Vorliegen von psychischen Störungen vermutet werden.

Berentung

Tod des Partners

Lebensereignisse im Alter. Tabelle 7 zeigt kritische Lebensereignisse im Alter mit einigen empirischen Ergebnissen zu Häufigkeiten. Die Berentung ist die erste Rollenveränderung, die das Erreichen des höheren Lebensalters markiert. Obwohl die Berentung traditionell als „Verlustereignis“ angesehen wird, erleben sie weniger als ein Drittel als Beschränkung und stressvoll. Auch nach dem Tod eines Partners, der bei fast allen Betroffenen zu einer unmittelbaren Trauerreaktion führt, beschreibt sich langfristig nur ein kleiner Teil als unzufrieden mit ihrem Leben.

Tabelle 7:
Kritische Lebensereignisse im Alter (Angaben aus prototypischen Studien)

Lebensereignisse	Hauptergebnisse	Häufigkeit
Berentung	– Als Beschränkung erlebt (1/2 J. nach Berentung)[1] – Als Sinnausweitung erlebt	24 % 55 %
Tod des Partners und nahe stehender Personen	– Anteil der verwitweten Frauen und Männer über 70[2] – Lebenszufriedenheit 1 1/2 J. nach Verwitwung negativ[1] – positiv[1]	F: 66 %, M: 22 % F: 19 %, M: 14 % F: 39 %, M: 50 %
Armut	– Von Einkommensarmut betroffen[3] – Anteil der Sozialhilfeempfänger[2]	2 % F: 6,5 %, M: 2,8 %
Traumatische Erlebnisse	– Irgendein Trauma erlebt[4] – Schwere Unfälle – Körperliche Gewalt – Kriegserlebnisse – Zeuge eines traumatischen Ereignisses – Sexueller Missbrauch in der Kindheit	36,3 % 12,5 % 11,1 % 8,4 % 7,9 % 3,3 %
Bewusstwerden des eigenen Todes	– Anteil d. 70- bis 84-Jährigen, die über Tod und Sterben nachdenken[5] – Anteil der über 85-Jährigen	3 % 9 %
Übergang ins Seniorenheim	– Anteil der 75- bis 79-Jährigen, die in Seniorenheimen leben[6] – Anteil der 80- bis 84-Jährigen – Anteil der 85- bis 89-Jährigen – Anteil der über 90-Jährigen	F: 3,8 %, M: 2,6 % F: 9,0 %, M: 5,1 % F: 20,2 %, M: 16,0 % F: 32,2 %, M: 19,3 %

Anmerkungen: F: Frauen, M: Männer; [1] Niederfranke (1991); [2] Steinhagen-Thiessen und Borchelt (1996); [3] Schmähl und Fachinger (1998); [4] Maercker et al. (2007); [5] Freund (1995); [6] Schneekloth (2006)

Armut Von Altersarmut sind Frauen mehr betroffen als Männer, sie ist besonders groß bei Geschiedenen. **Traumatische Ereignisse** Traumatische Ereignisse, die ältere Menschen beeinträchtigen, können im jüngeren Lebensalter erlebt worden sein und noch immer belasten (chronische Posttraumatische Belastungsstörung, PTBS) oder erst nach Jahren eines subsyndromalen Verlaufs zur Störung exazerbieren (verzögerte PTBS), oder sie können neu im höheren Lebensalter erlebt werden (siehe Tabelle 7 für Häufigkeiten von traumatischen Ereignissen in einer Züricher Stichprobe älterer Menschen). **Bewusstwerden des eigenen Todes** Das Bewusstwerden des eigenen Todes scheint in der Lebenswelt älterer Menschen ein eher seltenes Phänomen zu sein, auch wenn sie häufiger als jüngere Menschen darüber nachdenken, dann aber mit weniger Angst als die Jüngeren. **Übergang ins Seniorenheim** Schließlich stellt der Übergang ins Seniorenheim ein relevantes Lebensereignis für einen älteren Menschen dar. Der Anteil der in einer vollstationären Einrichtung der Altenhilfe lebenden Menschen steigt ab dem 75. Lebensjahr leicht und dann vor allem ab dem 85. Lebensjahr deutlich an. Die Folge ist häufig ein Absinken des gesamten Gesundheitszustandes.

1.3.2 Bezeichnungen und Epidemiologie

Keine altersspezifischen psychischen Störungskriterien außer Demenz Neben der Demenz sind in der ICD-10 bisher keine weiteren altersspezifischen psychischen Störungsdefinitionen enthalten. Dies bedeutet, dass es keine altersentsprechenden Modifikationen der Störungskriterien gibt. Daher wird auf eine Darstellung der Kriterien der häufigsten psychischen Störungen im Alter verzichtet. In Tabelle 8 sind die Prävalenzen bei 70- bis 100-Jährigen aus der Berliner Altersstudie aufgelistet. **Häufigsten psychischen Störungen: Depression, Insomnie, Demenz, Angststörungen** Die mit Abstand häufigsten Störungen im Alter sind depressive Störungen (einschl. subsyndromaler Depressionen), Insomnie und Demenzen. Irgendeine psychische Störung hatten fast 50 % (inkl. 23 % mit irgendeiner subsyndromalen psychischen Störung).

Tabelle 8:
Prävalenz der häufigsten psychischer Störungen (DSM-III-R) in der Berliner Altersstudie (nach Wernicke et al., 2000)

Psychische Störungen	Prävalenz (%)
Demenz	13,8
Major Depression	4,8
Dysthymie	2,0
Depression NNB	17,8
Angststörungen*	4,4
Substanzmissbrauch/-abhängigkeit	1,9
Insomnia	18,8

Anmerkungen: * umfasst Agoraphobie mit Panikstörung (0,8 %), Generalisierte Angststörung (0,9 %), Zwangsstörung (0,2 %) und Angststörung NNB (2,5 %)

Besonderheiten der Depression im Alter. Während die Prävalenz einer Major Depression im Alter etwas niedriger ist als im jüngeren Erwachsenalter (4,8 %, vgl. Tab. 8), sind subsyndromale Formen der Depression wesentlich häufiger (17,8 %). Die Häufigkeit subsyndromaler Depression korreliert mit dem Alter der Patienten, mit der Multimorbidität und dem Ausmaß an funktioneller Einschränkung und Hilfsbedürftigkeit.

Subsyndromale Depressionen viel häufiger im Alter

Kliniker berichten von der Erfahrung, dass ältere Depressionspatienten weniger über depressive Symptome klagen, sondern vorwiegend über somatische Symptome (z. B. Agitation, vegetative Symptome). Empirische Studien fanden bisher jedoch keinen systematischen Unterschied zwischen jüngeren und älteren Patienten, die depressiven Symptome sind genauso vorhanden, werden aber eher bagatellisiert. Außerdem korreliert der Anteil somatischer Symptome mit dem Ausprägungsgrad und der Chronifizierung und kann daher bei stationären älteren Patienten häufiger sein als bei jüngeren.

Ältere Depressionspatienten klagen mehr über somatische als affektive Symptome

Neuere Diagnosekategorien. Daneben werden in der Literatur weitere altersspezifische Störungen beschrieben, die in dieser Form noch nicht in den Klassifikationssystemen definiert sind (Maercker, 2002b). Da sie für die Aufnahme in das DMS-V und die ICD-11 diskutiert werden, sollen sie hier dargestellt werden:

1. *Rezidivierende kurze depressive Störung.* Nicht wenige ältere Menschen berichten über voll ausgeprägte depressive Phasen, die allerdings nur einige Tage anhalten, oft 3 bis 4 Tage. Diese Phasen treten mehrfach innerhalb weniger Wochen über den Zeitraum mehrerer Monate auf, aber erreichen nicht die Zeitkriterien der Major Depression („über 2 Wochen") oder der Dysthymie („mehr als die Hälfte aller Tage über 2 Jahre"). Die Kriterien dieser rezidivierenden kurzen depressiven Störung (DSM-IV-Forschungsdiagnose) bzw. kurzdauernden rezidivierenden Depression (Angst, Merikangas, Scheideregger & Wicki, 1990) sind in Tabelle 9 dargestellt.

Rezidivierende kurze depressive Störung: mehrere Episoden unter 2 Wochen Dauer

Tabelle 9:
Kriterien der rezidivierenden kurzen depressiven Störung

Häufigkeit und Dauer der Symptome	< 2 Wochen, mindestens 1 bis 2 Episoden pro Monat über 1 Jahr
Kernsymptome	Depressive Verstimmung
Zusätzliche Symptome	Appetitveränderung Schlafstörungen Psychomotorische Veränderung Interessenverlust Energielosigkeit Wertlosigkeitsgefühl Verminderte Denkfähigkeit Suizidalität
Notwendig für die Diagnosestellung	Depressive Verstimmung, mindestens 4 der 8 zusätzlichen Symptome

Tabelle 10:
Kriterien der Gemischten Störung mit Angst und Depression

Häufigkeit und Dauer der Symptome	Mindestens 1 Monat
Kernsymptome	Dysphorische Stimmung
Zusätzliche Symptome	Konzentrationsschwierigkeiten oder „leerer Kopf" Schlafstörungen Müdigkeit Reizbarkeit Besorgtheit Leicht zu Tränen gerührt sein Überwachheit Erwartung des Schlimmsten Hoffnungslosigkeit Geringer Selbstwert, Wertlosigkeitsgefühl
Notwendig für die Diagnosestellung	Dysphorische Stimmung, mindestens 4 der 10 zusätzlichen Symptome

Tabelle 11:
Kriterien der Komplizierten Trauer (bzw. Prolongierten Trauerstörung)

Häufigkeit und Dauer der Symptome	Mindestens 6 Monate
Kernsymptome (Trennungsstress)	Intrusive Gedanken bezüglich Verlust Überflutung durch Gefühle des Schmerzes, der Trauer Verlangen nach Verstorbenem
Zusätzliche Symptome	Gefühl, ein Teil des Selbst sei gestorben Schwierigkeit, den Tod zu akzeptieren Vermeiden von Personen, Plätzen, Aktivitäten, die an den Verlust erinnern Unfähigkeit, anderen zu vertrauen Verbitterung oder Wut über den Tod Schwierigkeit, das Leben weiter zu leben Emotionale Taubheit Gefühl, dass das Leben leer und sinnlos ist Gefühl der Benommenheit oder Erschütterung
Notwendig für die Diagnosestellung	Mindestens 1 der 3 Kernsymptome, mindestens 5 der 9 zusätzlichen Symptome, klinisch bedeutsame Beeinträchtigung

Gemischte Störung mit Angst und Depression

2. *Gemischte Störung mit Angst und Depression.* Bei älteren Menschen ist eine Mischung aus Angst und Depression vergleichsweise häufiger als in jüngeren Lebensphasen. Ihr häufigeres Auftreten im Alter kann als Beleg dafür gelten, dass das Altern bzw. die mit ihm verbundenen körperlichen und psychischen Veränderungen, die Natur eines Syndrom-

clusters verändern können. Die Kriterien der Gemischten Störung mit Angst und Depression (DSM-IV-Forschungsdiagnose) sind in Tabelle 10 dargestellt.

3. *Komplizierte Trauer.* Da der Tod einer nahe stehenden Bezugsperson mit dem Alter ein zunehmend häufiges Ereignis ist, ist die Diagnose einer komplizierten (prolongierten, chronischen) Trauer im Alter besonders relevant. Bisher gibt es kein definitives Kriteriensystem, Tabelle 11 zeigt daher dasjenige, das aktuell als Vorschlag für das DSM-V diskutiert wird (Prigerson & Maciejewski, 2006).

Komplizierte (prolongierte) Trauer

Die Prävalenzen für diese drei Diagnosekategorien variieren, je nach dem, welche Stichproben und Diagnosesysteme verwendet werden (vgl. Tab. 12). Sie bewegen sich aber in Größenordnungen, die für die klinische Praxis relevant sind.

Prävalenzen der neuen Diagnose-kategorien

Tabelle 12:
Prävalenzen altersspezifischer psychischer Störungen im Alter

Diagnose	Nahe ICD-10-Diagnose	Prävalenz
Rezidivierende kurze depressive Störung[1]	F33.8	3–8,4 %
Gemischte Störung mit Angst und Depression[2]	F41.2	1–13 %
Komplizierte Trauer[3]	F43.22	0,7–4,2 %

Anmerkungen: [1] Maercker et al. (2007), Heun, Papassotiropoulos und Ptok (2000); [2] Wittchen, Schuster und Lieb (2001); [3] Forstmeier und Maercker (2007)

1.3.3 Verlauf und Prognose

Depression. Depressive ältere Menschen remittieren zu 40 bis 60 % anhaltend, 15 bis 20 % mit einem späteren Rückfall und 30 bis 40 % bleiben chronisch depressiv. Die Prognose von depressiven Störungen im Alter unterscheidet sich nicht von denen im jüngeren Erwachsenenalter. Prognostische Faktoren für einen chronischen Verlauf sind: Dauer der derzeitigen Episode, vorbestehende Dysthymie, vermeidende oder abhängige Persönlichkeit, somatische Erkrankungen und neurophysiologische Veränderungen (Niklewski & Baldwin, 2003). Risikofaktoren für Rückfälle sind: drei oder mehr frühere depressive Episoden, somatische Erkrankungen, belastende Lebensereignisse, soziale Isolation und Störungen exekutiver Funktionen. Aufgrund der interindividuellen Variabilität im Verlauf ist die Prognose im Einzelfall schwer abzuschätzen. Die Suizidrate im Rahmen einer Depression wird auf 15 bis 20 % geschätzt, ältere Menschen weisen eine noch höhere Suizidrate auf (Hautzinger, 2000). Eine Depres-

Remission der Depression zu 40 bis 60 %

Suizidrate höher als in jüngeren Lebensaltern

sion erhöht auch die Sterbewahrscheinlichkeit deutlich, möglicherweise über die Schwächung des Immunsystems vermittelt.

Angst: Schlechter Verlauf ohne Behandlung und bei Mehrfacherkrankung

Angststörungen. Ohne Behandlung ist der Verlauf von Angststörungen im mittleren und hohen Lebensalter schlecht. Unbehandelt remittieren ca. 20 % der Patienten, dies gilt für alle Angststörungen. Eine fortlaufende Verschlechterung ist besonders bei Panikstörungen zu finden (ca. 50 %). Bei Mehrfacherkrankungen ist der Verlauf deutlich schlechter als bei reinen Angststörungen. Bei einem gleichzeitigen Vorliegen von Angst und Depression ist der Verlauf schlechter als bei Vorliegen von nur einer der beiden Störungen.

Insomnie: meist chronischer Verlauf

Insomnie. Zum Verlauf und der Prognose primärer Insomnien gibt es leider nur wenige prospektive Studien. Bei den meisten Insomnie-Patienten liegt ein chronischer Verlauf vor, die mittlere Störungsdauer liegt bei 12 bis 14 Jahren. Eine chronische Insomnie erhöht auch das Risiko für eine andere psychische Störung deutlich.

Komplizierte Trauer: Unbehandelt keine Besserung

Komplizierte Trauer. Die meisten älteren Menschen sind nach dem Verlust eines Partners noch nach Jahren relativ hoch belastet. Eine anfänglich hohe Trauerintensität sagt eine hohe Belastung nach einigen Jahren nach dem Verlust voraus, insbesondere negative Gesundheitsfolgen wie Krebs, Herzkrankheit, Bluthochdruck, Suizidgedanken und Veränderungen des Essverhaltens (Prigerson & Maciejewski, 2006). Komplizierte Trauer ist ein chronischer Zustand, der sich über die Jahre hinweg kaum verändert (Znoj, 2004).

1.3.4 Differenzialdiagnostische Aspekte

Gezielt nach depressiven Emotionen und Kognitionen fragen

Depression und körperliche Erkrankung. Bei gleichzeitigem Vorliegen einer Depression und einer somatischen Erkrankung ist eine klare Trennung zwischen den somatischen Symptomen der Depression und den Symptomen der somatischen Erkrankungen in der Praxis leider oft nicht zu erreichen. Ältere Menschen neigen auch zu einer Bagatellisierung ihrer depressiven Gefühle, so dass es wichtig ist, gezielt nach affektiven Symptomen (z. B. Anhedonie, Antriebslosigkeit, Minderwertigkeitsgefühl) und depressiven Kognitionen (z. B. Schuldgefühle, Sinnlosigkeitsgefühle, Suizidgedanken) zu fragen. Wenn übertriebene körperliche Beschwerden dargestellt werden, die in keinem Verhältnis zu den nachweisbaren somatischen Krankheiten zu stehen scheinen, kann das als Hinweis auf eine gleichzeitig bestehende Depression gewertet werden.

Viele nicht erkannte Depressionen in der Allgemeinarztpraxis

Schätzungen ergeben, dass 30 bis 40 % der alten Patienten, die in einer Allgemeinpraxis in Behandlung sind, an nicht erkannten Depressionen leiden und als Folge davon nicht oder falsch behandelt werden.

Zum Ausschluss von symptomatischen bzw. organischen Depressionen ist eine gründliche medizinische Abklärung notwendig. Körperliche Erkrankungen, Drogen und Medikamente, die Auslöser einer organischen Depression sein können, sind in Tabelle 13 dargestellt.

Tabelle 13:
Auslöser einer symptomatischen bzw. organischen Depression (nach Hautzinger, 2000)

Kategorie	Störungen
Hirnerkrankungen	Degenerative, vaskuläre, entzündliche, raumfordernde Erkrankungen, Epilepsien, usw.
Infektionen, Entzündungen	Influenza, Viruspneumonie, post-virale Erschöpfung, rheumatische Störungen, Brucellose, Mononukleose usw.
Kardiopulmonale Erkrankungen	Herzinsuffizienzen, obstruktive Atemwegserkrankungen usw.
Endokrinologische und metabolische Erkrankungen	Hypo-, Hyperthyreose, Hypo-, Hyperthyreoidismus, Cushing Syndrom, Addison Syndrom, Diabetes mellitus, Fehl- bzw. Mangelernährung, Pankreatitis usw.
Bösartige Neubildungen	Pankreas-, Lungen-, Hirnkarzinom, Leukämie usw.
Drogen, Medikamente	Alkohol, Steroide, Betablocker, Digitalis, Antiparkinsonmittel usw.

Symptomatische Depression

Depression und Demenz. Kognitive Defizite, insbesondere in der kognitiven Geschwindigkeit und im Arbeitsgedächtnis, sind häufige Begleiterscheinungen von Depressionen im Alter. Im Extremfall können kognitive Störungen zur Annahme einer Demenz führen. Differenzialdiagnostische Unterschiede zwischen Demenz und Depression sind in Kapitel 1.1.4 dargestellt.

Abgrenzung zwischen Angst und Depression schwierig

Depression und Angststörungen. Depressive und Angstsymptome treten sehr häufig im Alter gemeinsam auf (30 bis 50 %). Eine Abgrenzung ist sehr schwierig, so dass das Konzept der „Gemischten Störung mit Angst und Depression" vorgeschlagen wurde (s. Kap. 1.3.2). In der klinischen Praxis wird man häufig die schwerere Störung als primäre Erkrankung oder zwei komorbide Störungen diagnostizieren.

Abgrenzung zwischen Angst und körperlichen Krankheiten schwierig

Angststörungen und körperliche Erkrankungen. Differenzialdiagnostisch schwierig ist besonders die Abgrenzung von körperlichen Erkrankungen und Depression. Für die Komorbidität von Angst und körperlichen Störungen (s. Kap. 1.4) gibt es verschiedene Erklärungen: (1) Die Angststörungen und die körperliche Erkrankung sind zwei unabhängige Erkrankungen, die gleichzeitig auftreten. (2) Die körperlichen Symptome der Angst (Herzklopfen, Dyspnoe, Schlaflosigkeit, Unruhe, Schwindel, Schwitzen) werden als Ausdruck der körperlichen Krankheit gewertet. (3) Angst kann eine psychologische Reaktion auf das Auftreten einer körperlichen Erkrankung sein. (4) Angst kann eine Nebenwirkung einer Medikation sein.

Diagnose der Insomnie nicht stellen, wenn sie im Rahmen einer anderen Störung auftritt

Insomnie. Eine Trennung zwischen organischen und psychischen Ursachen von Schlafstörungen ist im Alter oft nicht möglich, da Beschwerden auf beiden Ebenen häufig eng verknüpft sind. Auch zu anderen psychischen Störungen wie Depression, Komplizierter Trauer, Angststörungen und Demenz liegen bedeutsame Komorbiditäten vor. Tritt die Schlafstörung nur im Rahmen der anderen psychischen Störung auf, ist die Diagnose einer Schlafstörung nicht zu stellen. Bei Vorliegen einer affektiven oder Angststörung wird diese primär behandelt und Strategien zur Beseitigung der Insomnie nur bei Bedarf integriert. Wenn die Schlafstörung ohne affektive oder Angstsymptome auftritt oder stark ausgeprägt ist, sollte sie in der Therapie im Mittelpunkt stehen.

Traurigkeit bei KT nur episodisch und verbunden mit Gedanken an Verstorbenen

Komplizierte Trauer und Depression. Gemeinsame Symptome von Komplizierter Trauer (KT) und Depression sind Traurigkeit, Verlust von Interesse und Freude, Schuldgefühl und Störung von Schlaf und Appetit. Während bei einer Depression die Traurigkeit und Interesselosigkeit relativ durchgängig ist, treten sie bei der KT episodisch auf und sind mit Gedanken an den Verstorbenen verbunden. Der Antrieb ist bei der KT episodisch besonders stark, dann in Form von starker Sehnsucht nach dem Verstorbenen. Schuldgefühle sind bei der KT nur auf die Beziehung zum Verstorbenen bezogen, bei einer Depression auf eine breite Palette an Situationen und Gedanken. Schließlich sind Symptome der Intrusion und Vermeidung bei einer Depression kaum vorhanden, bei einer KT regelmäßig.

1.4 Komorbidität und Multimorbidität

Komorbidität bei körperlichen Erkrankungen

Körperliche Krankheiten und Depression/Angst verstärken sich gegenseitig

Über die typische erhöhte Multimorbidität in dieser Lebensphase wurde eingangs bereits berichtet (Kap. 1.1.1). Multimorbidität nimmt mit steigendem Alter zu und ist bei Frauen häufiger als bei gleichaltrigen Männern. Der Einfluss zwischen körperlichen Erkrankungen und psychischen Störungen ist wechselseitig: Körperliche Krankheiten, speziell funktionelle Fähigkeitseinschränkungen erhöhen die Wahrscheinlichkeit, im Alter an einer Depression oder Angststörung zu erkranken. Depression und Angst im Alter sind aber auch Risikofaktoren für körperliche Funktionseinschränkungen (Lenze et al., 2001).

Komorbidität bei Demenz

Die Komorbidität von Demenz und chronischen somatischen Erkrankungen ist recht hoch, unterscheidet sich aber nicht wesentlich von nichtdementen Gleichaltrigen (Schubert et al., 2006). Im Mittel haben Demenz-Patienten

2.4 chronische Erkrankungen und nehmen 5.1 Medikamente. Besonders vaskuläre Erkrankungen sind sehr häufig. 82 % hatten Bluthochdruck, 41 % Osteoathritis, 29 % Diabetes mellitus, 21 % koronare Herzkrankheiten, 14 % Herzinsuffizienz, 12 % eine Chronisch-obstruktive Lungenerkrankung, 11 % Nierenversagen, 10 % einen Schlaganfall und 8 % Krebs.

Bei Demenz häufig vaskuläre Krankheiten und Depression

Die wichtigste psychiatrische komorbide Diagnose bei Demenz ist Depression. Etwa 25 % der AD-Patienten haben eine Major Depression und nochmals ca. 25 % eine subsyndromale Depression. Je stärker die depressive Symptomatik ist, desto stärker ist auch die psychopathologische und neurologische Demenz-Symptomatik.

Komorbidität bei psychischen Störungen

Sehr hohe Komorbiditätsrate bei Depression

Depressionen weisen eine hohe Komorbiditätsrate auf, 40 bis 90 % je nach Störungsbild (Hautzinger, 2000). Zu den komorbide auftretenden Störungen gehören: Angststörungen, Zwangsstörungen, Esstörungen, PTBS, Substanzmissbrauch/-abhängigkeit, Schlafstörungen, somatoforme Störungen, psychophysiologische Störungen, hirnorganische Störungen, zerebraler Abbau sowie Persönlichkeitsstörungen. Das klinische Erscheinungsbild einer Depression ist im Alter stark beeinflusst durch altersassoziierte Erkrankungen. Da sich im Alter körperliche Erkrankungen häufen, überlappen sich die somatischen Symptome einer Depression mit den Symptomen gleichzeitig vorhandener somatischer Erkrankungen. Schlafstörungen sind im Alter sehr eng mit einer gleichzeitig bestehenden Depression assoziiert.

Angst und Depression häufig gemeinsam

Angststörungen weisen bedeutsame Komorbiditätsraten mit Depression, demenziellen Erkrankungen und körperlichen Krankheiten auf. Ca. 30 % der Patienten mit einer Angststörungen erfüllen auch die Kriterien einer Major Depression (Beekman et al., 2000). Aus diesem Grund wurde das Konzept der „Gemischten Störung mit Angst und Depression" vorgeschlagen (s. Kap. 1.3.2). Verschiedene körperliche Störungen können mit einer Angststörung einhergehen. Hierzu gehören kardiovaskuläre und respiratorische Störungen (z. B. Asthma, Chronisch-obstruktive Lungenerkrankung, Bluthochdruck, Herzrhythmusstörung), endokrine Störungen (z. B. Cushing Syndrom, Hyperthyreose, Hyperthyreoidismus), neurologische Störungen (z. B. Epilepsie, Multiple Sklerose, Demenz, Delir) und substanzbezogene Störungen (z. B. Intoxikationen mit Kaffein, Steroiden, Alkohol, Sedativa). Angst kann im Vorfeld, Beginn oder Verlauf von demenziellen Erkrankungen auftreten. Die Angst reflektiert die Verunsicherung durch die Diagnose, die Lebenseinschränkungen und die unsichere Zukunft.

Körperliche Krankheiten und Angststörung

Insomnie, Angst und Depression

Insomnie. Es besteht eine hohe Komorbidität zwischen Insomnie und anderen psychischen Störungen (Billiard, Partinen, Roth & Shapiro, 1994). Personen mit einer Insomnie haben ein fast 10-faches Risiko, gleichzeitig eine depressive Störungen zu haben, sowie ein 17-faches Risiko, gleichzeitig an einer Angststörung zu leiden. Alzheimer-Patienten haben einen unregelmäßigeren und kürzeren Nachtschlaf und machen mehr Tagesnickerchen als gesunde Alte. Etwa 25 % der AD-Patienten haben Schlafstörungen.

KT, PTBS, Angst und Depression

Komplizierte Trauer. Die häufigsten komorbiden Störungen sind Angststörungen und Depression. Nach einem Trauerereignis wurden bei 44 % der Trauernden eine Angststörung und bei 20 bis 30 % eine PTBS gefunden (Jacobs et al., 1990). Noch nach zwei Jahren des Trauerereignisses litten 18 % an einer klinisch relevanten Depression (Zisook, Shuchter, Sledge, Paulus & Judd, 1994). Andere Studien fanden ähnliche, aber auch noch höhere Werte, da in den verschiedenen Studien unterschiedliche Kriterien für KT verwendet wurden. In jedem Fall ist jedoch eine beträchtliche Komorbidität zu Angststörungen und Depression festzustellen.

2 Störungstheorien und -modelle

2.1 Bereichs- bzw. störungsübergreifende Modelle

Im Folgenden werden einige bereichs- bzw. störungsübergreifende Konzepte und Modelle dargestellt, die für die Alterspsychotherapie relevant sind.

2.1.1 Lebensspannenpsychologische Konzepte

Nachdem frühere Modelle der Veränderung im Erwachsenenalter und Alter gewöhnlich einen Abwärtsverlauf betonten und ein „Defizitmodell" vertraten, vermittelten Gerontopsychologen der letzten 20 Jahre oft ein fast schon wieder zu einseitig positives „Kompetenzmodell" des Alterns. In den letzten Jahren wurde dagegen ein nuancierteres Bild gezeichnet, das in eine Reihe von wichtigen begrifflichen Unterscheidungen, theoretischen Perspektiven und Modellen mündete. Im Folgenden sollen diese neueren Kernbegriffe und Konzepte dargestellt werden (s. Maercker, 2002b).

75 ist Grenze zwischen 3. und 4. Lebensalter

3. und 4. Lebensalter – Junge Alte und Hochbetagte. In der Gerontopsychologie hat sich eingebürgert, dass die potenziell 30 und mehr Lebensjahre nach dem Erreichen der Pensionierungsgrenze in ein 3. Lebensalter (Junge Alte) und ein 4. Lebensalter (Hochbetagte) eingeteilt werden. Die Altersgrenze zwischen dem 3. und 4. Lebensalter wird entweder mit dem 75. oder 80. Lebensjahr angegeben.

Der Fortschritt der Medizin hat es ermöglicht, dass das 3. Lebensalter für einen großen Teil der Bevölkerung in den entwickelten Ländern ohne nichtkompensierbare Einschränkungen verläuft. Das 3. Lebensalter ist zunehmend von selbstgewählten Aktivitäten (Reisen, freiwilliger Arbeit, Hobbys etc.) geprägt, die über die Möglichkeiten der teilweise fremdkontrollierten Berufsjahre hinausgehen können.

3. Lebensalter von Aktivitäten geprägt

Das 4. Lebensalter ist hingegen durch die zunehmende Verdichtung von biologisch-organischen Risiken gekennzeichnet (s. Kap. 1.1 und 1.2). Die Multimorbidität nimmt in der Regel zu und die verschiedenen Behinderungen, Einbußen und Krankheiten sind nur noch schwer durch (medizinische) Interventionsmaßnahmen zu kompensieren. Zunehmend wird der Aktionsradius enger, das soziale Netzwerk kleiner und ein wachsender Anteil von Jahrgängen der Hochbetagten siedelt in Alters- und Pflegeeinrichtungen über (s. Kap. 1.3).

4. Lebensalter von Zunahme der Multimorbidität geprägt

Multidimensionalität und Multidirektionalität. Die Entwicklungspsychologie der Lebensspanne zeigt, dass das Altern ein individueller und differenzieller Prozess ist, der multidimensional und multidirektional verläuft. Dies bedeutet, dass sich die Entwicklung eines Menschen z. B. in kognitiven, sozialen oder gesundheitlichen Dimensionen unterschiedlich gestaltet. Der Begriff „multidirektional" drückt aus, dass bis ins hohe Alter durchaus Entwicklungsfähigkeit („Plastizität") für viele Bereichen besteht. Ein konstanter Befund in allen Bereichen der Gerontologie ist zudem, dass es eine große interindividuelle Variabilität gibt, die bis ins Hochbetagtenalter anhält. Extrembeispiele hierfür sind die aus den Medien bekannten aktiven 100-Jährigen (z. B. Queen Mum, Johannes Heesters).

Entwicklung variabel und relativ unabhängig in verschiedenen Lebensbereichen

Gewinn-Verlust-Perspektive. Nachdem die Psychologie der lebenslangen Entwicklung zunächst Stadientheorien favorisierte (die sich aber empirisch nicht stützen ließen), führte die Vielzahl neuer, detaillierterer Befunde dazu, dass metatheoretische Perspektiven und Rahmenmodelle als Grundaxiome eingeführt wurden. Eine zentrale Perspektive besagt, dass die Entwicklungsdynamik durch eine Maximierung von Gewinnen und eine Minimierung von Verlusten gekennzeichnet ist. Im höheren Lebensalter wird die Möglichkeit der Gewinnmaximierung zwar geringer als in früheren Lebensphasen, ist aber nicht außer Kraft gesetzt. Als Gewinne werden dabei Anpassungs- und Kompensationsleistungen, die Ausbildung von neuen Verhaltensmerkmalen sowie die zunehmende Nutzung soziokultureller und technischer Fortschritte gesehen. Als psychologische Gewinne des Alters können z. B. Reife, lebenspraktische Intelligenz (Lebenswissen) oder Weisheit gesehen werden (Kap. 1.3.1).

Gewinne im Alter

Als psychologische Verluste im Alter werden Fähigkeitseinschränkungen, die Reduktion des sozialen Netzwerks, zunehmende Bewältigungsanforderungen durch Krankheiten und Behinderungen sowie die Einschränkung

Verluste im Alter

der individuellen Zukunftsperspektive gewertet (Kap. 1.3.1). Der Entwicklungsdynamik der Gewinn-Verlust-Perspektive liegt die lange bekannte Erkenntnis zugrunde, dass Krisen auch Chancen erzeugen können. Die Gewinn-Verlust-Perspektive liegt den meisten Modellen der modernen Interventionsgerontologie zugrunde.

2.1.2 Alters- und störungsspezifisches Rahmenmodell

Die Gewinn-Verlust-Perspektive wird im Alters- und störungsspezifischen Rahmenmodell (ASR-Modell) von Maercker (2002b) integriert. Das ASR-Modell geht von der Grundannahme aus, dass die psychologische Behandlung älterer Menschen jeweils zwei Perspektiven zugleich berücksichtigen sollte: die altersbezogene und die störungsspezifische Perspektive.

Wechselspiel altersbezogener erschwerender und erleichternder Faktoren

Altersspezifik. Die Altersspezifik der klinisch präsentierten Beschwerden und Störungen wird durch das Wechselspiel altersbezogener erschwerender und erleichternder Faktoren bestimmt. Zu den erschwerenden Faktoren gehörten die Multimorbidität, interpersonelle Verluste, Fähigkeitseinschränkungen und die eingeschränkte Lebenszeit. Erleichternde Faktoren sind unter anderem die kumulierte Bewältigungs- und Lebenserfahrung, motivationale und emotionale Veränderungen und die angepasste Wohlbefindensregulation (s. Kap. 1.3.1). Aus der Altersspezifik der Störungen leitet sich ab, dass bestehende psychotherapeutische Verfahren auf notwendige Modifikationen hinsichtlich ihres Einsatzes in der Alterspsychotherapie untersucht werden müssen (Kap. 4). Eine weitere Schlussfolgerung ist, dass Therapieziele in der Alterspsychotherapie noch konsequenter ausgewählt und optimiert werden müssen als bei Patienten in früheren Lebensphasen (Kap. 3.6).

Konsequente störungsspezifische Behandlung im Alter

Störungsspezifik. Die Störungsspezifik ist auch ein Aspekt der Psychotherapie bei jüngeren Erwachsenen. Das Modell postuliert aber, dass sich die Therapieziele und die Behandlung alter Menschen noch konsequenter auf einzelne Störungen beziehen müssen (z. B. die Varianten der Lebensrückblicksinterventionen als spezielle Verfahren für Depression und PTBS). Dabei ist zu beachten, dass eine Störung entweder aus früheren Lebensphasen bis ins Alter hineinreicht oder neu im Alter erworben wurde.

2.1.3 Modell der selektiven Optimierung mit Kompensation

SOK-Modell

Das Modell der selektiven Optimierung mit Kompensation (SOK-Modell, Baltes & Carstensen, 1996) trifft auf einer spezifischen Ebene Aussagen darüber, an welchen Schnittstellen psychologische und psychotherapeutische Interventionen mit älteren Menschen sinnvoll einsetzbar sind. Nach dem Modell werden psychologische Anpassungsprozesse durch drei Komponenten erreicht – Selektion, Optimierung und Kompensation:

- *Selektion* bezieht sich auf die Auswahl und *Neuanpassung* von Zielen und Verhaltensbereichen im Sinne der Eingrenzung der Anzahl möglicher Alternativen, der Konzentrierung auf begrenzte Ressourcen sowie auf Spezialisierungen. **Selektion**
- *Optimierung* bezieht sich auf die Stärkung und Nutzung *vorhandener* zielrelevanter Handlungsmittel und Ressourcen. Damit wird ausgedrückt, dass ältere Menschen sich noch entwickeln können. **Optimierung**
- *Kompensation* zielt auf die Schaffung, das Training und die Nutzung *neuer* Handlungsmittel, um Einschränkungen und Verlusten entgegenzuwirken. Die Kompensation wird dann erforderlich, wenn Fähigkeiten und Fertigkeiten ganz oder teilweise verloren gehen, ein damit verbundenes Ziel jedoch beibehalten werden soll. **Kompensation**

Der fortschreitende Prozess der Erschöpfung der Ressourcen macht eine zunehmend feinere Abstimmung von selbstgesteuerter Selektion, Kompensation und Optimierung nötig.

Interventionen zur Selektion bei Verlusten

Psychologische Interventionen zur Selektion werden notwendig, wenn z. B. Verluste von Sozialpartnern, Ausscheiden aus dem Berufsleben, Funktionsverluste, körperliche Gebrechen, Behinderungen eintreten. Dies gilt ganz besonders dann, wenn ältere Menschen ihre bisherige Lebenswelt aufgeben, um in einer Alteneinrichtung weiterzuleben.

Interventionen zur Optimierung durch Einsatz von Hilfsmitteln

Psychologische Interventionen zur Optimierung zielen auf die Gestaltung einer angereicherten Umwelt, indem durch eine Verbesserung bzw. den Einsatz von Hilfsmitteln Handlungs-, Entscheidungs- und Kontrollspielräume erhalten bleiben. Konkrete Interventionen im Sinne von Optimierungsprozessen richten sich v. a. auf die physikalische Umwelt (z. B. Gestaltung des Wohnraums, der Treppen, altengerechtes Wohnen usw.) und den Einbezug von Diensten und Serviceleistungen der Familie, der Partner und der Gemeinde (z. B. Essensdienste, Pflegedienste, Einkaufshilfen).

Interventionen zur Kompensation nutzt Plastizität

Psychologische Interventionen zur Kompensation beruhen auf der Annahme, dass der Gebrauch von Fähigkeiten zu ihrer Entwicklung beiträgt, der Nichtgebrauch hingegen zur Verkümmerung („Plastizität", „Inaktivitätsatrophie"). Die gerontologische Interventionsforschung hat gezeigt, dass die meisten älteren Menschen eine beträchtliche mentale Reserve besitzen, die durch Übung und Lernen aktiviert werden kann, z. B. in den Bereichen Gedächtnis, soziale Kompetenz, Aktivitäten des Alltagslebens, chronische Krankheiten, Sexualstörungen usw.

2.2 Modifikation von Störungsmodellen durch die Altersspezifik am Beispiel der Depression

Altersspezifische Modifikationen von Störungsmodellen sind notwendig

Für das höhere Lebensalters fehlen bisher separate Kapitel in den Klassifikationssystemen für psychische Störungen (so wie dies für die Störungen des Kindes- und Jugendalters der Fall ist). Als Einzige hat die Definition der demenziellen Erkrankungen schon jetzt einen expliziten Altersbezug. Altersangemessene Modifikationen vieler psychischer Störungsdefinitionen sind allerdings erforderlich, um die Phänomenologie dieser Störungen im Alter adäquat zu erfassen und die ätiologische Forschung und Modellbildung voranzubringen.

Variable depressive Beschwerdebilder im Alter sollten sich im Störungsmodell niederschlagen

Für den Bereich der Depressionen liegen umfangreiche Belege vor, die darauf hinweisen, dass die Definition der Major Depression zu eng gefasst ist und damit den variablen depressiven Beschwerdebildern älterer Menschen nicht gerecht wird. Wie in Kapitel 1.3.2 beschrieben, ist die Prävalenz subsyndromaler Depressionen weitaus höher als die der Major Depression. Die Patienten klagen dabei mehr über somatische als affektive Symptome. Außerdem berichten nicht wenige ältere Menschen über voll ausgeprägte depressive Phasen, die allerdings nur einige Tage anhalten, oft 3 bis 4 Tage, wofür der Diagnosevorschlag einer Rezidivierenden kurzen depressiven Störung gemacht wurde. Alle diese Aspekte sollten nicht nur in altersangepassten Diagnosekriterien berücksichtigt werden, sondern auch in altersangepassten Störungsmodellen.

Zusätzliche Elemente im Störungsmodell der Altersdepression

Für die Depression im Alter würde dies bedeuten, zusätzlich zu den weiterhin gültigen lerntheoretischen und kognitiven Modellen (Hautzinger, 2000) folgende alternsspezifische Elemente in ein Störungsmodell aufzunehmen (s. Kap 1):

- Physiologische Veränderungen und Störungen (z. B. sensorische Verluste, reduzierte Kapazität des Herz-Kreislaufsystems, Inkontinenz, chronische Krankheiten);
- Kognitiver Abbau (z. B. Wahrnehmung von Gedächtnisproblemen);
- Emotionale, motivationale und soziale Veränderungen (z. B. Lebensereignisse wie Berentung, Tod des Partners und nahe stehender Personen, Armut, traumatische Erlebnisse, Bewusstwerden des eigenen Todes, Übergang ins Seniorenheim).

Beitrag des SOK-Modells zum Störungsmodell der Altersdepression

Nach dem SOK-Modell können in Folge dieser altersspezifischen Veränderungen psychische Beeinträchtigungen, resignative Tendenzen und Depressionen entstehen (Hautzinger, 2000),

- wenn es der betreffenden Person nicht gelingt, neue bzw. veränderte Ziele zu entwickeln,
- wenn es ihr nicht gelingt, eine Selektion an Lebensbereichen, Ansprüchen und Handlungsbereichen vorzunehmen,

- wenn es ihr an kompensatorischen Fertigkeiten und Ressourcen fehlt, und/oder
- wenn sie durch eine reduzierte, verarmte, wenig unterstützende Umwelt nicht zur optimalen Nutzung, Stärkung und Neuentwicklung von Fähigkeiten und Lebensbereichen in der Lage ist.

Ziele der Psychotherapie bei Altersdepression

Aus diesem modifizierten Störungsmodell für die Depression im Alter leitet Hautzinger (2000) einige Ziele psychologischer Interventionen für ältere Menschen ab:
- Die Interventionen sollten helfen, Ressourcen und Kompetenzen zu schaffen bzw. zugänglich zu machen,
- neue Ziele und Interessen durch Erproben und Realitätstests zu entwickeln,
- soziale Unterstützung und Kontakte zu optimieren und
- weiterhin kontrollierbare Lebensbereiche zu selektieren.

2.3 Alzheimer-Demenz als ungelöstes ätiologisches Rätsel

Es existiert keine geschlossene Hypothese zur Pathogenese der AD

Bisher ist eine geschlossene Hypothese zur Erklärung der Pathogenese der AD noch nicht möglich, trotz der großen Forschungsaktivitäten auf diesem Gebiet (Wallesch & Förstl, 2005). Hier sollen nur kurz einige wichtige Begriffe erläutert werden. Zu den pathologischen Abläufen gehören Amyloidablagerungen, Neurofribrillenbündel, aktivierte Mikrogliazellen, Synapsen- und Zellenverluste sowie eine Amyloidangiopathie.

Neuropathologische Befunde bei der AD

Neuropathologische Befunde bei der AD
- *Amyloidablagerungen:* Das Eiweiß β-Amyloid lagert sich in und an den Nervenzellen ab (Amyloid-Plaques). Dies führt zu Funktionseinschränkungen und schließlich zum Absterben der Nervenzellen. - *Neurofibrillenbündel:* In den Zellen lagern sich Neurofibrillenbündel ab. Sie bestehen hauptsächlich aus dem Tau-Protein, das pathologische Phosphorylierungsvorgänge erleidet (möglicherweise infolge eines gestörten Energiestoffwechsels). - *Aktivierte Mikrogliazellen:* Hirnständige Mikrogliazellen werden bereits im Frühstadium der AD aktiviert. - *Amyloidangiopathie:* In 30 bis 70 % der Fälle lagern sich β-Amyloide um zerebrale und zerebelläre Gefäße herum ab. - *Synapsen- und Zellverluste:* Alle pathophysiologischen Wege münden zunächst in einen Verlust von Synapsen. Eine Schrumpfung und ein Verlust von Nervenzellen finden sich besonders in subkortikalen Bereichen, im Kortex erst in späteren Stadien.

Tabelle 14:
Risiko- und Schutzfaktoren einer Alzheimer-Demenz

Risiko- und Schutzfaktoren der AD

Bereich	Risiko- bzw. Schutzfaktoren
Soziodemografische Faktoren	– Zunehmendes Alter ist der am besten abgesicherte Risikofaktor – Das weibliche Geschlecht ist ebenfalls mit einem höheren Risiko, an AD zu erkranken, assoziiert, insbesondere im hohen Lebensalter
Genetische Faktoren	– Ein kleiner Anteil aller Personen mit AD (weniger als 5% aller Fälle) leidet an einer familiaren Form der AD, verursacht durch eine autosomale dominante Mutation. – Genetische Faktoren scheinen auch nichtfamiliare, sporadische Fälle der AD zu beeinflussen. Das Apoliprotein E 4 (APOE 4) Gen ist das einzige bisher gesicherte Gen mit Einfluss auf AD.
Vaskuläre Faktoren	– Arterieller Bluthochdruck, Diabetes mellitus, erhöhtes Cholesterin, Herzerkrankungen erhöhen das Risiko für AD. – Kopfverletzungen ebenfalls.
Faktoren des Lebensstils	– Moderater Alkoholkonsum senkt das AD-Risiko leicht, ebenso: – Langzeit-Anwendung von Nichtsteroidalen Antiphlogistika (NSAIDs), d. h. antientzündlichen Medikamenten – Impfungen mit bestimmten Stoffen in der Vergangenheit – Konsum von Cholesterin-senkenden Statinen – Konsum von Antioxidanten, z. B. Vitamin C, E und n-Carotin
Kognitive Faktoren	– Prämorbide Intelligenz, Bildung, berufliche Leistung („kognitive Reservekapazität") – Stimulierende kognitive, soziale und körperliche Aktivitäten, die ebenfalls die „kognitive Reservekapazität" eines Menschen erhöhen
Andere Störungen	– Mild cognitive impairment (MCI) erhöht das Risiko für eine Konversion zu AD – Depression ebenfalls
Weitere psychologische Faktoren (bisher weniger gesichert)	– Stressvolle Lebensereignisse und dysfunktionale Bewältigungsstrategien – Traumatische Ereignisse – Anfälligkeit für Stress, Neurotizismus – Unterlegenheit in der Partnerschaft – Hohe Kontrollmöglichkeiten bei der Arbeit, berufliche Herausforderungen und hohe soziale Anforderungen bei der Arbeit reduzieren das Risiko einer AD – Ein aktives soziales Netzwerk wirkt protektiv, Verheiratetsein

Aus welchen Gründen diese neuropathologischen Veränderungen geschehen, ist noch weitgehend ungeklärt. Die Forschung hat in den letzten Jahrzehnten jedoch eine Reihe von Risiko- und Schutzfaktoren für die Alzheimer-Demenz aufgezeigt (z. B. Jedrziewski, Lee & Trojanowski, 2005; Wallesch & Förstl, 2005). Diese sind in Tabelle 14 zusammengefasst. Sie können zum Teil Anregungen für die Prävention und zum Teil auch für die Therapie der AD liefern.

Einige Befunde weisen darauf hin, dass motivationalen Kompetenzen (wie Kontroll/Kompetenzüberzeugungen und Optimismus) sowie volitionalen Kompetenzen (wie Motivations-, Emotions-, Entscheidung- und Aktivierungsregulation) protektive Faktoren darstellen (in Tabelle 14 unter „weitere psychologische Faktoren"). Für diese Faktorengruppe haben Forstmeier und Maercker (2005) das Konstrukt der „motivationalen Reservekapazität" (MR) eingeführt. Annahme ist, dass sich bei Personen mit einer großen MR die klinische Manifestation der Demenz verzögert.

3 Diagnostik und Indikation

3.1 Erstgespräch

Ziele des Erstgespräches

Das Erstgespräch und die darauf folgenden Sitzungen dienen drei Zielen:
- Aufbau einer kooperativen Therapeut-Patient-Beziehung.
- Erste, problembezogene Informationssammlung.
- Klärung äußerer, organisatorischer Merkmale der Therapiesituation.

Förderung einer aktiven Patientenrolle

Zur Bildung einer therapeutischen Allianz ist zunächst die Klärung der Rollen von Therapeut und Patient wichtig. Der Therapeut sollte als professioneller Helfer verstanden werden, der den Klienten bei seinen möglichst aktiven, eigenständigen Änderungsbemühungen unterstützt. Dies ist in der Alterspsychotherapie besonders wichtig, da viele ältere Patienten von einer passiven Patientenrolle, wie im medizinischen System üblich, ausgehen. Außerdem ist es oft notwendig, falsche Vorstellungen über das Wesen einer psychischen Störung und die Behandlung auszuräumen (z. B. Scham, da man sich als „Verrückter" stigmatisiert fühlt, siehe auch Kap. 4.1 und 4.6).

Gezielt nach psychischen Symptomen fragen

In der problembezogenen Informationssammlung ist bei älteren Patienten besonders zu berücksichtigen, nach psychischen Symptomen zu fragen. Senioren neigen dazu, diese zu bagatellisieren und nicht zu nennen, stattdessen somatische Symptome in den Vordergrund zu stellen. Wichtig ist die Klärung der Fragen:

- Weshalb kommt eine Person jetzt in die Therapie und nicht früher oder später?
- Weshalb kommt die Person zu mir, von wem wurde ich empfohlen, welche Kontakte zu Ärzten oder anderen Behandlern muss ich aufnehmen?
- Welche Probleme präsentiert der Patient?

Klärung organisatorischer Aspekte

Schließlich sind im Erstgespräch organisatorische Aspekte anzusprechen, die dem älteren Patienten auch helfen, sich auf diese für ihn ungewohnte Situation einzulassen. Hierzu gehören voraussichtliche Sitzungszahl, Länge der Sitzung, Frequenz, Überweisung zur medizinischen Mitbehandlung, Kontakte zu früheren und jetzigen Therapeuten bzw. Ärzten, Kostenfrage, Freiwilligkeit der Therapie, Schweigepflicht, aktive Mitarbeit, Pünktlichkeit (vgl. auch die Karte „Diagnostik-Checkliste" im Anhang des Buches).

3.2 Medizinische Untersuchung

Auch wenn in diesem Rahmen nicht die gesamte medizinische Untersuchung älterer Patienten dargestellt werden kann, soll doch versucht werden, eine Übersicht zu geben.

Laborchemische Verfahren

Eine Serumanalyse ist notwendig, da viele internistische Erkrankungen zu gerontopsychiatrischen Störungen führen können. Eine Liquoranalyse wird bei Verdacht auf neurologische Erkrankungen durchgeführt. Das Grundprogramm an Laboruntersuchungen ist in Tabelle 15 dargestellt.

Tabelle 15:
Laboruntersuchungen bei Verdacht auf gerontopsychiatrische Störungen (nach Wetterling, 2001)

Typische Laboruntersuchungen

	Parameter	Hinweis auf z.B.
Serum	Elektrolyte, Hämatokrit	Exsikkose
	Blutzucker	Diabetes, Hypoglykämie, Hyperglykämie
	TSH	Hypothyreose, Hyperthyreose
	Cholesterin, Triglyzeride	Hyperlipidämie
	Gamma-GT, MCV, CDT	Alkoholabusus
	MCV und Vitamin B12	Funikuläre Myelose
	Kreatinin	Chronische Niereninsuffizienz
	BSG	Kollagenose, maligner Tumor
Liquor	Zellzahl, Albumin, IgG, IgM	Entzündliche ZNS-Prozesse

Apparative Verfahren

Zu den apparativen Verfahren gehört die Elektroenzephalografie (EEG), bildgebende Verfahren wie Computer-Tomografie (CT), Magnet-Resonanz-Tomografie (MRT), Single-Photon-Emissions-Computer-Tomografie (SPECT) und Positronen-Emissions-Tomografie (PET) sowie weitere apparative Verfahren wie Doppler-Sonografie und Elektrokardiografie (EKG) (vgl. Tab. 16).

Elektroenzephalografische und bildgebende Verfahren

Tabelle 16:
Elektroenzephalografische und bildgebende Verfahren bei Verdacht auf gerontopsychiatrische Störungen (nach Wetterling, 2001)

Verfahren	Anwendungsgebiet
EEG	– Ausschluss bzw. Nachweis einer Epilepsie – Ausschluss oder Nachweis eines zerebralen Tumors – Verlaufsbeobachtung bei metabolisch, infektiös oder medikamentös bedingten Bewusstseinsstörungen – Differenzialdiagnose demenzieller Abbauprozesse
CT	– Nachweis bzw. Ausschluss struktureller Hirnläsionen/-veränderungen wie Atrophien, Infarkte, intrakraniale Blutungen, Missbildungen und Verkalkungen, Tumoren
MRT	– Nachweis bzw. Ausschluss struktureller Hirnläsionen wie Hirnstamminfarkten, multipler Sklerose, Enzephalitis, Gliome, Gefäßmissbildung
SPECT	– Differenzialdiagnose demenzieller Abbauprozesse – Nachweis fokaler Durchblutungsstörungen – Nachweis epileptischer Herde – Nachweis von degenerativen Basalganglienaffektionen (z. B. bei Parkinson, Chorea Huntington)
PET	– Differenzialdiagnose demenzieller Abbauprozesse
Doppler-Sonografie	– Verdacht auf extrazerebrale Gefäßstenose – Bei thrombembolisch oder hämodynamisch bedingtem Infarkt zum Nachweis einer Stenose
Transkranielle Doppler-Sonografie	– Verdacht auf Affektion der A. basilaris (z. B. bei transitorisch globaler Amnesie) – Verdacht auf intrazerebralen Gefäßprozess
Elektrokardiografie (EKG)	– Nachweis von Herzrhythmusstörungen – Nachweis ischämischer Herzerkrankungen
Echokardiografie	– Suche nach Emboliequelle bei nachgewiesenen Hirninfarkten

3.3 Strukturierte Interviews

Halbstrukturierte und strukturierte Interviews dienen dazu, die Symptome und Kriterien der im DSM-IV und der ICD-10 definierten Diagnosen zu erheben, um zu einer Diagnosestellung zu kommen. Die bekanntesten und gebräuchlichsten Interviews sind das Strukturierte Klinische Interview für DSM-IV (SKID) und das „Diagnostische Interview bei psychischen Störungen“ (DIPS). Für die Untersuchung älterer Patienten sind das SKID und das DIPS gut geeignet, da dem Interviewer ein gewisser Gestaltungs- und Befragungsspielraum gegeben wird.

SKID und DIPS

Ein speziell zur Demenzdiagnostik entwickeltes Interviewverfahren ist das „Strukturierte Interview für die Diagnose einer Demenz vom Alzheimer Typ, der Multiinfarkt Demenz und Demenzen anderer Ätiologien“ (SIDAM, Zaudig & Hiller, 2000). Das SIDAM erlaubt nicht nur, das Vorliegen einer Demenz zu beurteilen, sondern integriert auch Verfahren zur Schweregradbestimmung. Zur differenzialdiagnostischen Abgrenzung demenzieller und depressiver Störungen sollte daher der affektive Teil des SKID und der SIDAM durchgeführt werden.

SIDAM

3.4 Fragebogen, Beurteilungsskalen, Testverfahren

3.4.1 *Diagnostik körperlicher Beschwerden und funktionaler Fähigkeiten*

Zur Erfassung körperlicher Beschwerden und Störungen liegen keine spezifisch für das höhere Lebensalter entwickelten Verfahren vor, jedoch für einige der vorliegenden Instrumente Normwerte für das höhere Lebensalter (vgl. Tab. 17). Funktionale Fähigkeiten, d. h. die Selbstständigkeit in Alltagsaktivitäten (vs. Pflegebedürftigkeit) sollte angesichts der Multimorbidität älterer Patienten regelmäßig erhoben werden (Beispiele für ADLs und IADLs siehe Kap 1.1.1).

Körperbeschwerden

GBB

Der Gießener Beschwerdebogen (GBB-24, Brähler & Scheer, 1995) ist ein Selbstbeurteilungsverfahren, mit dem subjektiv erlebte Körperbeschwerden erfasst werden. Die vier Skalen sind Erschöpfung, Magenbeschwerden, Herzbeschwerden und Gliederschmerzen. Normen für die höheren Lebensphasen liegen vor (Gunzelmann, Schumacher & Brähler, 2002).

Somatoforme Störungen

SOMS

Zur Identifikation, Klassifikation, Quantifizierung und Verlaufsbeschreibung somatoformer Störungen eignet sich das Screening für Somatoforme Störungen (SOMS, Rief, Hiller & Heuser, 1997). Es orientiert sich an den

Tabelle 17:
Instrumente zur Beurteilung körperlicher Beschwerden und funktionaler Fähigkeiten im Alter (Abkürzungen siehe Text)

Bereich	Instrument	Items
Körperbeschwerden	GBB-24	24 Items, 4 Skalen
Somatoforme Störung	SOMS-2	68 Items, bezogen auf letzten 2 Jahre
	SOMS-7	53 Items, bezogen auf letzten 7 Tage
Funktionale Fähigkeiten	NAA	20 Items, IADL (Selbstbeurteilung)
	Barthel-Index	10 ADL (Fremdbeurteilung)
	IADL-Skala nach Lawton & Brody	8 IADL (Fremdbeurteilung)
	NAB	15 Items, ADL und IADL (Fremdbeurteilung)

Kriterien der ICD-10. Er besteht aus zwei Teilen. Das SOMS-2 ist eine Beschwerdeliste, mit der alle Symptome somatoformer Störungen in den letzten zwei Jahren über Selbstbeurteilung erfasst werden. Das SOMS-7 wird zur Veränderungsmessung eingesetzt. Außerdem ist ein Befindlichkeits-Tagebuch in das SOMS integriert.

Funktionale Fähigkeiten

Barthel-Index

Das älteste und bekannteste Fremdbeurteilungsverfahren zur Erfassung von Alltagsaktivitäten ist der Barthel-Index (deutsch von Lübke, Grassl, Kundy, Meier-Baumgartner & Wilk, 2001, vgl. Anhang, S. 104). Die Einstufung erfolgt meist durch das Pflegepersonal, da diese unmittelbare Kenntnis von den alltagsbezogenen Fertigkeiten aus der Versorgungssituation heraus besitzen. Ebenso weit verbreitet ist die IADL-Skala von Lawton und Brody (1969, vgl. Anhang, S. 105). In der Nürnberger-Alters-Beobachtungs-Skala (NAB, Oswald & Fleischman, 1999) ist das ganze Spektrum von geringen Beeinträchtigungen des Aktivitätsniveaus bis hin zu deutlichen Selbstständigkeitsverlusten abgedeckt. Die Nürnberger-Alters-Alltagsaktivitätenskala (NAA, Oswald & Fleischman, 1999) bietet die Selbstbeurteilung von Einschränkungen in IADLs. So ist es möglich, Einschränkungen zu erfassen, die Angehörige noch nicht wahrnehmen.

IADL-Skala nach Lawton und Brody

NAB

NAA

3.4.2 Diagnostik demenzieller Störungen

Für die Diagnostik demenzieller Störungen gibt es inzwischen eine Fülle von Testverfahren, Fragebogen, Interviewverfahren und Ratingskalen, über die hier nur ein grober Überblick gegeben werden kann (eine gute Übersicht geben Ivemeyer & Zerfaß, 2006). Während Selbstbeurteilungsfragen eine untergeordnete Rolle spielen, sind Informationen über die Befragung von Betreuungspersonen und das klinische Urteil des Interviewers zentral. In Tabelle 18 sind die wichtigsten Instrumente zusammengefasst.

Screening-Verfahren

In Screening-Verfahren werden bei Verdacht auf eine demenzielle Symptomatik verschiedene kognitive Bereiche wie Orientierung, Gedächtnis, Sprache, Rechenfähigkeit oder visuo-konstruktive Fähigkeiten relativ oberflächlich auf Auffälligkeiten hin untersucht (vgl. Tab. 18).

Tabelle 18:
Instrumente zur Beurteilung demenzieller Störungen (Abkürzungen siehe Text)

Bereich	Instrument	Items
Screening	MMSE	30 Items, Orientierung, Visumotorik, Gedächtnis, Sprache
	Uhrentest	1 Aufgabe
	DemTect	5 Untertests: Wortliste lernen, Zahlenumwandeln, Supermarktaufgabe Wortflüssigkeit, Zahlen rückwärts sagen, verzögerte freie Wiedergabe der Wortliste
Kognitive Symptome	CERAD-NP	7 Untertests einschl. MMSE, Sprache, Gedächtnis, Visumotorik, Orientierung
	ADAS-COG	11 Items, Gedächtnis, Sprache, Visumotorik, Orientierung
	SKT	9 Subtests mit Zeitlimitierung
	NAI-COG	12 Untertests: 4 Schnelligkeits- und 8 Gedächtnistests
Affektive und behaviorale Symptome	BEHAVE-AD	25 Items, 7 Untertests: Wahn, Halluzinationen, Motorik, Aggressivität, Tag-Nacht-Rhythmus, Affekte, Angst
	NPI	12 Verhaltensbereiche
	ADAS-NONCOG	10 Items (z. B. Tremor, Umherlaufen, Wahn)
Funktionale Fähigkeiten	B-ADL	25 Merkmale, ADL und IADL
Einschätzung des Schweregrades	GDS	1 Skala, 7-stufig
	BCRS	10 Skalen, 7-stufig
	FAST	1 Skala, 7-stufig
	CDR	6 Skalen, 7-stufig

MMSE. Die Mini-Mental State Examination (Folstein, Folstein & McHugh, 1990, dt. Mini-Mental-Status-Test – MMST, Kessler, Denzler & Markowitsch, 1990, vgl. Anhang, S. 103), ist das bekannteste und am häufigsten verwendete Screening-Instrument. Es ist auch Bestandteil des CERAD und des SIDAM. Die MMSE hat eine eingeschränkte Sensitivität und Spezifität, die Diagnose einer Demenz muss durch weitere Verfahren erhärtet werden. Sie ist bildungs- und altersabhängig und zur Früherkennung von milden Fällen ungeeignet.

MMSE

Uhrentest. Beim Uhrentest besteht die Aufgabe darin, in einen vorgegebenen Kreis die Ziffern eines Uhrenblatts sowie die Zeiger einzuzeichnen, die eine vorgegebene Uhrzeit (meist „zehn nach elf") anzeigen sollen. Mit dieser Aufgabenstellung werden visuell-räumliche Organisation und abstraktes Denken erfasst. Für die Auswertung gibt es unterschiedliche Kriterien (Brodaty & Moore, 1997).

Uhrentest

DemTect. Der „DemTect" (Calabrese & Kessler, 2000) stellt eine Erweiterung der MMSE dar. Er enthält fünf Untertests zu verschiedenen kognitiven Domänen (vgl. Tab. 18). Zur Erfassung leichter kognitiver Störungen ist er ebenfalls geeignet.

DemTect

Standardisierte Testbatterien zur Erfassung der kognitiven Symptome

Diese Gruppe von Verfahren umfasst jeweils mehrere Untertests für verschiedene kognitive Domänen. Die Consortium to Establish a Registry for Alzheimer's Disease – Neuropsychological Battery (CERAD-NP, deutsch von Thalmann & Monsch, 1997), kann als international anerkanner Standard betrachtet werden. Sie besteht aus sieben eingeführten Testverfahren, u. a. dem MMSE. Der kognitive Untertest der Alzheimer Disease Assessment Scale (ADAS, Ihl & Weyer, 1993) ist ein weiterer, oft verwendeter Test. Er enthält elf Aufgaben. Der Syndrom-Kurz-Test (SKT, Erzigkeit, 2001) besteht aus neun Untertests, die alle auf Schnelligkeit basieren. Die einzelnen Tests müssen unter Berücksichtigung einer Zeitlimitierung bearbeitet werden. Der kognitive Teil des Nürnberger Altersinventar (NAI, Oswald & Fleischman, 1999) ist auch zur Erfassung des neuropsychologischen Befundes geeignet. Er ist besonders für die Diagnostik der beginnenden Demenz geeignet.

CERAD-NP
ADAS-Cog
SKT
NAI

Erfassung der affektiven und behavioralen Symptome

Für die Erfassung der behavioralen und psychologischen Symptome der Demenz (BPSD) wie z. B. Wahn, Unruhe, Depression, Angst und Appetitstörungen stehen mehrere Verfahren zur Verfügung. Die Behavioral Patho-

BEHAVE-AD logy in Alzheimer's Disease Rating Scale (BEHAVE-AD, deutsch in CIPS, 2005) erfasst affektive und behaviorale Symptome in ihrem Schweregrad. Die Einschätzung beruht auf einem Interview mit Bezugspersonen, bezogen auf die letzten zwei Wochen. Es ist auch zur Verlaufsbeobachtung von Verhaltensstörungen bei AD geeignet. Das Neuro-

NPI psychiatrische Inventar (NPI, Cummings et al., 1994) besteht aus zwölf Verhaltensbereichen. Nach einem Interview mit einem Angehörigen oder Pfleger werden die Bereiche hinsichtlich Häufigkeit, Schwere und Be-

ADAS-Noncog lastung der Betreuungsperson eingeschätzt. Der nichtkognitive Untertest der Alzheimer Disease Assessment Scale (ADAS, Ihl & Weyer, 1993) ist eine weitere Ratingskala zur Einschätzung der affektiven und behavioralen Symptome.

Erfassung der funktionalen Fähigkeiten

Zusätzlich zu den in Kapitel 3.4.2 beschriebenen Instrumenten zur Dia-

Bayer-ADL gnostik funktionaler Fähigkeiten sind weitere speziell zur Anwendung mit Demenzpatienten entwickelt worden. In diesem Rahmen soll nur die weit verbreitete Bayer Activities of Daily Living Scale (B-ADL, Hindmarch, Lehfeld, de Jongh & Erzigkeit, 1998, dt. in CIPS, 2005) genannt werden. Es werden sowohl ADLs als auch IADLs erfasst.

Einschätzung des Schweregrads

Neben der Erhebung der Symptomatik sollte auch der Schweregrad erhoben werden. Hierzu wurden die Skalen zur Schweregradeinschätzung entwickelt, die jeweils unterschiedliche kognitive Funktionen, Verhaltensauffälligkeiten und psychische Störungen berücksichtigen. Es han-

GDS delt sich um Fremdbeurteilungsskalen auf der Grundlage von klinischen Interviews. Mittels der Global Detoriation Scale (GDS) wird der Schwe-

BCRS regrad der kognitiven Leistungseinbußen eingeschätzt. Die Brief Cognitive Rating Scale (BCRS) beinhaltet sowohl kognitive als auch nichtkognitive Bereiche, die hinsichtlich des Schweregrades beurteilt werden.

FAST Mit der Functional Assessment Staging (FAST) wird die Selbstständigkeit in Alltagsaktivitäten eingeschätzt. GDS, BCRS und FAST werden als Reisberg-Skalen zusammengefasst (Ihl & Frölich, 1991). Eine Alter-

CDR native zur GDS ist die Clinical Dementia Rating (CDR, Morris, 1993), die ebenfalls eine Einschätzung des Schweregrades von hauptsächlich kognitiven Leistungseinbußen, aber auch nichtkognitiven Störungen ermöglicht.

3.4.3 Diagnostik depressiver Störungen

Zur Diagnostik depressiver Störungen können verschiedene Selbst- und Fremdbeurteilungsinstrumente eingesetzt werden (vgl. Tab. 19).

Tabelle 19:
Instrumente zur Beurteilung depressiver Symptomatik im Alter

Bereich	Instrument	Items
Selbst-beurteilung	Geriatrische Depressionsskala (GDS)	30 Items, Kurzform 15 Items
	Allgemeine Depressionsskala (ADS)	20 Items, Kurzform 15 Items
	Beck Depressions Inventar (BDI)	21 Items
Fremd-beurteilung	Hamilton Depression Rating Scale (HAMD)	21 Items
	Inventar Depressiver Symptome (IDS)	28 Items

Selbstbeurteilungsinstrumente

GDS. Speziell für die Erfassung depressiver Beschwerden bei älteren Menschen wurde die Geriatrische Depressionsskala (GDS) entwickelt (Gauggel & Birkner, 1998; CIPS, 2005; vgl. Anhang, S. 107). Sie differenziert gut zwischen depressiven und nicht depressiven älteren Menschen. Sie kann sowohl zur Beurteilung der Schwere einer Depression eingesetzt werden als auch zur Veränderungsbeurteilung. **GDS**

ADS und BDI. Sowohl die Allgemeine Depressionsskala (ADS, Hautzinger & Bailer, 1993) als auch das Beck Depressions Inventar (BDI, Hautzinger, Bailer, Keller & Worall, 1995) haben sich auch zur Anwendung bei älteren Menschen bewährt. Sie können zur Beurteilung der Schwere und der Veränderung über die Zeit eingesetzt werden. **ADS und BDI**

Fremdbeurteilungsinstrumente

HAMD. Die Hamilton Depression Rating Scale (HAMD, deutsch in CIPS, 1996, 2005), ist ein weit verbreitetes Fremdbeurteilungsinstrument für Depression. Sie weist jedoch eine geringe Reliabilität auf und ihre Gültigkeit ist abhängig vom Grad der gesundheitlichen Beeinträchtigung. **HAMD**

IDS. Empfehlenswerter ist das Inventar Depressiver Symptome (IDS, deutsch in Hautzinger, 2000). Die Items sind an den Kriterien der ICD-10 orientiert und erlauben die Beurteilung der Ausprägung depressiver Symptome in der vergangenen Woche sowie eine Verlaufsbeurteilung. **IDS**

3.4.4 Diagnostik von Angststörungen

Es liegt bisher kein altersspezifisch entwickeltes Verfahren vor. Die im Folgenden dargestellten Verfahren bieten jedoch auch Normwerte für die ältere Population an (vgl. Tab. 20).

Tabelle 20:
Instrumente zur Beurteilung der Angstymptomatik im Alter

Bereich	Instrument	Items
Selbstbeurteilung	Beck-Angst-Inventar (BAI)	21 Items
	State-Trait-Angstinventar (STAI)	40 Items, je 20 für Trait und State
	Self Rating Anxiety Scale (SAS)	21 Items
Fremdbeurteilung	Hamilton Anxiety Rating Scale (HAMA)	14 Items

Selbstbeurteilungsinstrumente

BAI *BAI.* Das Beck-Angst-Inventar (BAI, deutsch von Margraf & Ehlers, 2005/in Vorb.) ist eines der verbreitetsten Verfahren für alle Altersgruppen des Erwachsenenalters. Die Items erfassen somatische, kognitive und behaviorale Aspekte der Angst und korrelieren nur gering mit Depression.

STAI *STAI.* Das State-Trait-Angstinventar (STAI, deutsch von Laux, Glanzmann, Schaffner & Spielberger, 1981) unterscheidet zwischen Zustandsangst (State) und allgemeiner Angst (Trait). Auch sie hat sich bei älteren Personen bewährt.

SAS *SAS.* Die Self Rating Anxiety Scale (SAS, deutsch in CIPS, 1996), misst somatische und affektive Aspekte der Angst.

Fremdbeurteilungsinstrument

HAMA *HAMA.* Als Fremdbeurteilungsverfahren liegt die Hamilton Anxiety Rating Scale (HAMA, deutsch in CIPS, 1996, 2005) vor. Für die Anwendung bei älteren Patienten wird eine modifizierte Version empfohlen, um eine getrennte Auswertung für generalisierte Angst und Panik zu erlauben (Beck, Stanley & Zebb, 1999).

3.5 Allgemeines zur Therapieindikation

Grundsätzlich sind die im folgenden Kapitel 4 genannten Interventionen bei denjenigen Krankheiten indiziert, für die sie beschrieben werden. Genauer:

- Die Strategien zur Akzeptanz einer körperlichen Krankheit und zur Bewältigung chronischer Krankheiten sind indiziert, wenn eine körperliche Krankheit, häufig sind dies Erkrankungen des kardiovaskulären Systems und Erkrankungen des Bewegungsapparates, vorliegt. Häufig liegt gleichzeitig eine depressive Symptomatik vor, die ebenfalls behandelt werden sollte. Vorrang hat die Erkrankung, die im Vordergrund steht und am meisten beeinträchtigt.

Bei Komorbidität hat die beeinträchtigendste Krankheit Vorrang in der Behandlung

- Die Selbstständigkeitsinterventionen sind dann indiziert, wenn Aktivitäten des täglichen Lebens (ADLs und IADLs) stark beeinträchtigt sind, und zwar nicht lediglich aufgrund einer depressiven Symptomatik, sondern infolge körperlicher Funktionseinschränkungen. Falls eine Depression das klinische Bild dominiert, sollte eine Depressionsbehandlung vorgeschaltet werden.

Selbständigkeitsinterventionen bei körperlichen Funktionseinschränkungen

- Die Behandlungsmodule, die zur Psychotherapie einer MCI und Demenz beschrieben werden, sind sorgfältig nach dem Stadium der Erkrankung auszuwählen. Indikationsrichtlinien sind am Anfang von Kapitel 4.3 angegeben.

Behandlungsstrategien bei kognitiven Beeinträchtigungen hängen vom Krankheitsstadium ab

- Die Interventionen zum Übergang ins Seniorenheim sind besonders dann indiziert, wenn ein Patient mit einer pessimistischen Erwartungshaltung dem Wohnungswechsel entgegen geht oder der Wechsel nach dem Verlust eines Partners geschieht, zu dem ein abhängiges Verhältnis bestand.
- Lebensrückblicksinterventionen sind in der Behandlung von Depression, PTBS und Komplizierter Trauer indiziert, weiterhin immer dann, wenn bei einem älteren Menschen eine Lebensbilanz und Sinnfindung dominierende Themen sind (z. B. auch bei einer chronischen, behindernden Krankheit).

Lebensrückblick bei Depression, PTBS, KT

- Die Depressionsbehandlung ist auch für depressive Patienten geeignet, die komorbide körperliche oder psychische Störungen haben. In jedem Fall muss die am meisten beeinträchtigende Störung zuerst behandelt werden.
- Die Angstbehandlung muss möglicherweise angepasst werden an vorliegende körperliche Erkrankungen, besonders an die, die das Herz-Kreislauf- und das Bewegungssystem betreffen.
- Strategien zur Behandlung der Insomnie haben sich nicht nur bei primärer, sondern auch bei sekundärer Insomnie bewährt.
- Der konfrontative Ansatz in der Therapie der Komplizierten Trauer ist dann indiziert, wenn der Patient eine starke Intrusions- und Vermeidungssymptomatik aufweist. Ansonsten sind die Ermöglichung des Trauerausdrucks sowie kognitive Interventionen angezeigt. Dominiert eine Depression oder PTBS die Symptomatik, sollte diese zuerst behandelt werden.

Vorsicht bei demenzieller Symptomatik

Kontraindikation. Außer im Zusammenhang mit einer Demenztherapie sind für verwirrte und kognitiv stark beeinträchtigte Patienten viele Psychotherapieverfahren ungeeignet. Je stärker die demenzielle Symptomatik ist, desto mehr ist Verhaltensmodifikation (Kap. 4.2.3, 4.2.4 und 4.3.7) und Beratung der Angehörigen notwendig. Weiterhin sind die nachfolgend dargestellten psychotherapeutischen Verfahren kontraindiziert bei Personen mit Delir, einer akuten Psychose, akuter Suizidalität oder Substanzabhängigkeit.

3.6 Therapieziele

Selektiv optimierte Therapieziele

Selektiv optimierte Therapieziele. Aus dem ASR-Modell und dem SOK-Modell (Kap. 2.1) kann die Notwendigkeit von selektiv optimierten Therapiezielen abgeleitet werden. Die Selektion der Therapieziele ist insbesondere dann relevant, wenn somatische und psychische Multimorbidität vorliegt und es dann in der Regel nicht möglich ist, alle Erkrankungen in einen umfassenden Behandlungsplan aufzunehmen. Deshalb muss eine klare Hierarchisierung der Ziele erfolgen. Die Rangreihung kann z. B. darin bestehen, dass bei der Behandlungsplanung einer Schmerzsymptomatik die Priorität gegenüber einer Angststörung eingeräumt wird – obwohl die Angststörung im Prinzip mit besserer Prognose zu behandeln ist als die Schmerzsymptomatik.

Als Leitfragen der Optimierung der Therapieziele sind wichtig:

- Erreichen wir das Therapieziel in einem zeitlich und sachlich vertretbaren Aufwand?
- Lässt sich der so erreichte Zustand ausreichend stabil in der Zeit nach der Therapie aufrechterhalten?

Im oben genannten Beispiel kann die Optimierung in der Anwendung eines psychologischen Schmerztherapieprogramms bestehen, das im konkreten Fall (z. B. Rückenschmerzen) im Gegensatz zu einer Medikation wahrscheinlich auch nach dem Interventionsende stabilisierende Wirkungen zeigt. Weiterhin können Optimierungsüberlegungen sein, dass an das bereits erlernte autogene Training angeknüpft wird, statt eine neue Entspannungstechnik einzuüben.

Ältere Patienten haben oft konkrete Therapieziele

Problempräsentation und altersspezifische Therapieziele. Ältere Menschen suchen Psychotherapie meist mit sehr konkreten Zielsetzungen auf, z. B. weil sie Angehörige verloren haben, sich die eigene körperliche Gesundheit oder die des Lebenspartners verschlechtert hat. Beziehungskonflikte (mit dem Lebenspartner oder einem Kind) können ebenfalls eine Ursache sein, um depressiv oder ängstlich zu werden. Wenn z. B. ein Partner nach der Pensionierung viel Zeit zu Hause verbringt, können einige Ge-

Einigen Patienten ist es nur schwer möglich, sich auf einen Lebensrückblick anhand konkreter Erlebnisse einzulassen. In diesem Fall kann ein geleitetes Vorstellen hilfreich sein, für das zunächst eine Übung durchgeführt werden kann (z. B. *„Bitte stellen Sie sich so lebhaft wie möglich vor, Sie machen Gartenarbeit oder reinigen ein Zimmer ...“).*

Ablauf der Sitzungen. Das Vorgehen folgt dem Aufeinanderfolgen der Lebensabschnitte: Jedes Lebensalter von der Kindheit bis zum jetzigen Alter wird in einer in sich abgeschlossenen Form in mindestens einer Sitzung besprochen.

Jedes Lebensalter in 1 bis 2 Sitzungen besprechen

Ablauf einer Therapie mit Lebensrückblicksintervention

1. Einführungsgespräch
2. Diagnostisches Interview
3. Besprechen körperlicher und psychischer Probleme sowie der Lebenssituation
4. Diskussion des Vorgehens (therapeutisches Rationale) und der Ziele
5. Kindheit bis Schulzeit
6. Kindheit bis Schulende
7. Jugend

X. Traumatisches Erlebnis bzw. Verlusterlebnis (wird vor die Lebensphase eingeordnet, in der das Ereignis geschehen ist)

8. Erwachsenenalter: Partnerschaft und Familie
9. Erwachsenenalter: Arbeitsleben
10. Rentenalter
11. Integration und Bewertung
12. bis ca. 15. Weitere Therapieelemente wie kognitive Umstrukturierung bestimmter Einstellungen, Kommunikationstraining für das Erzählen der Lebensgeschichte, Besprechung des Erreichten

Kindheit und Jugend. Die Besprechung der Lebensphasen beginnt mit der Kindheit, z. B.:

„Heute möchte ich beginnen, mit Ihnen über Ihr Leben zu reden. Lassen Sie uns mehr oder weniger mit dem Anfang beginnen. Es ist besser, wenn wir chronologisch vorgehen und mit den frühesten Erinnerungen starten. Es ist erst einmal nicht so wichtig, wie weit wir mit dem Erinnern kommen. Was sind einige Ihrer frühesten Erinnerungen?“

Für die Kindheit und Jugend werden insgesamt mehr Stunden verwendet als für die darauf folgenden Lebensabschnitte. Wichtig ist, sich nicht nur die Erinnerungen schildern zu lassen, sondern die Reflektion über die Erinnerungen anzuregen (*„Was hat das für Sie damals bedeutet?“*).

Nicht nur Erinnerungen erzählen lassen, sondern auch die Reflektion der Erinnerungen anregen

Erwachsenenalter. Fragen, die zum Erwachsenenalter gestellt werden können, sind z. B.:

Fragen nach Positivem und Negativem

„In welche Abschnitte können Sie Ihr Leben einteilen? Gab es bestimmte Phasen, die einen abgeschlossenen Lebensabschnitt darstellen? Wie waren Sie damals? Worauf legen Sie Wert? Was war Ihnen wichtig? Was waren Ihre Stärken? Hatten Sie Freude an Ihrer Arbeit? Welche Bedeutung hatte diese Tätigkeit für Sie?"

Trauma/Verlust vor die Lebensphase einordnen, in der es passiert ist

Trauma bzw. Verlusterlebnis. Hat der Patient ein Trauma oder den Verlust einer nahe stehenden Person erlebt, wird hierfür eine eigene Stunde verwendet. Sie wird im Ablauf vor die Lebensphase eingeordnet, in der sie passiert ist. Diese Sitzung hat naturgemäß einen besonderen Stellenwert. Der Therapeut gibt zu verstehen, dass er weiß, wie schwierig es für den Patienten sein kann, sich in großer Ausführlichkeit mit dem schrecklichen Erlebnis auseinanderzusetzen. Die Erzählung des Patienten wird zunächst nicht durch Nachfragen nach positiven Aspekten (z. B. der eigenen Bewältigung) unterbrochen. Dies kann im Anschluss oder in der späteren Sitzung geschehen, in der es um die Integration der Lebensbilanz geht. Die existenzielle Schwere des Traumas wird vielmehr durch den Therapeuten gewürdigt (*„Das muss eine ganz furchtbare Zeit für Sie gewesen sein“*).

Das Schwere des Traumas würdigen

Posttraumatische Reifung

Zum Abschluss der Sitzung wird nach positiven Veränderungen durch das Überstehen des Traumas gefragt (z. B. *„Haben Sie bei sich selbst festgestellt, dass Sie etwas Positives aus dieser Lebenserfahrung gezogen haben?“*). Im Falle der Verneinung kann an dieser Stelle das Thema des Abschluss-Findens angesprochen werden: *„Haben Sie einen Abschluss für sich selber finden können? Wie sieht der aus bzw. könnte der aussehen?“* Wichtig ist, in den nachfolgenden Stunden mit der Besprechung der folgenden Lebensphasen weiterzumachen, da dies implizit ein wesentliches Ziel des Lebensrückblicks unterstützt („Das Trauma ist nur einer der Teile des Lebens“).

Lücken genauer elaborieren

Wie komplett muss der Lebensrückblick sein? Es ist klar, dass innerhalb von 10 bis 15 Sitzungen kein vollständiger detaillierter Rückblick möglich ist. Dies ist auch nicht nötig, um die o. g. Ziele zu erreichen. Entdeckt der Therapeut jedoch größere zeitliche Lücken oder ausgelassene Themen (möglicherweise gerade die emotional negativ besetzten), ist das ein wichtiger Hinweis, was der Therapeut noch genauer explorieren sollte. Knight (2003) gibt eine Liste von Themen, die angesprochen werden sollte: Ursprungsfamilie, Schule und Erziehung, Wahrnehmung der Kohorte, sexuelle Entwicklung, Partnerschaften und Ehen, Kinder, Berufsbiografie, Wahrnehmung von ethnischer Zugehörigkeit, Geschlecht und sozialer Klasse, Körperbild und körperliche Veränderungen, religiöse und spirituelle Entwicklung bzw. Weltsicht, Erfahrungen mit dem Tod, Sicht von der Zukunft (z. B. Wie viel Zeit ist noch vorhanden? Welche Dinge sind noch zu erledigen?). Der Therapeut kann mit Fragen zu den Lücken hinführen (z. B. *„Sie neigen dazu, Ihre Fehler darzustellen; lassen Sie uns etwas über Ihre Erfolge reden! Ich weiß nun viel über Ihre erste Arbeitsstelle; erzählen Sie etwas über Ihre darauffolgende.“).*

Integration der Erlebnisse

Abschluss der Therapie. In der Sitzung, in der die Erlebnisse aus den einzelnen Lebensabschnitten integriert und (wiederholt) bewertet werden, können folgende Fragen gestellt werden:

> „Wir haben nun eine Weile über Ihr Leben gesprochen. Berichten Sie doch jetzt über Ihre persönliche Entwicklung, über das, was Sie im Leben dazugelernt haben! Was würden Sie als die drei wichtigsten Dinge in Ihrem Leben bezeichnen? Warum? Was würden Sie ändern, besser machen, unverändert lassen? Was sind heute die wichtigsten Dinge in Ihrem Leben?“

Schriftliche Biografie

Als ein ergänzendes therapeutisches Mittel kann im Laufe oder nach Abschluss der Therapie der Patient beauftragt werden, seine Biografie aufzuschreiben. Dies kann in chronologischer Form geschehen oder ausgewählte Abschnitte betreffen. Die Biografie sollte neben den Fakten auch die damals und jetzt mit ihnen verbundenen Gefühle beinhalten.

4.4.3 Besonderheiten in der Behandlung von Depression

Für den deutschen Sprachraum liegt ein evaluiertes Behandlungsprogramm für Depressionen im Alter von Hautzinger (2000) vor. Die Therapieziele ordnet er nach den drei Komponenten des SOK-Modells.

Ziele der Depressionstherapie im Alter nach dem SOK-Modell

Ziele der Depressionstherapie im Alter (nach Hautzinger, 2000)

1. *Selektion*
- Ziele, Ansprüche, Wünsche den Lebensbedingungen (körperlicher Verfassung, Behinderung) anpassen und realistisch gestalten.
- Bearbeiten und Aufgeben alter Enttäuschungen, Hoffnungen, Verletzungen.

2. *Optimierung*
- Depressionsfördernde Bedingungen in der Alltagswelt des Patienten beseitigen (z. B. Isolation, ungünstige Wohn- und Lebensbedingungen).
- Enge Sozialpartner und die Familie mit in die Behandlung einbeziehen.

3. *Kompensation*
- Patienten kontingent für aktives, nichtdepressives Verhalten verstärken, um so Verhaltensweisen der Patienten, die im Sinne von Verhaltens- und Ressourcendefiziten depressionsfördernd sind, zu korrigie-

ren und durch situationsangemesseneres Verhalten zu ersetzen (auch mittels Verhaltensübungen, Realitätstests).
- Aktives, die Umwelt kontrollierendes Verhalten aufbauen bzw. wieder freilegen.
- Dysfunktionale, wenig hilfreiche, resignative Kognitionen abbauen und durch konstruktivere, selbstwertdienlichere ersetzen.
- Die Verstärkung von passivem, vermeidendem, depressivem Verhalten abbauen.

Die Elemente der Behandlung entsprechen weitgehend denen der Therapie im jüngeren und mittleren Erwachsenenalter. Deshalb soll nur ein Überblick über die Themen gegeben werden (für eine sehr gute Anleitung mit vielen Materialien sei auf Hautzinger, 2000, verwiesen). Im Anschluss sollen einige Besonderheiten der Therapie mit älteren depressiven Patienten besprochen werden.

Themen der Depressionstherapie im Alter

Themen der Depressionstherapie im Alter (nach Hautzinger, 2000)

1. Einführung, Depressionsspirale, kognitiv-verhaltenstherapeutisches Verständnis.
2. Problem- und Zielanalyse, Stimmungs- und Tagesplan.
3. Angenehme Tätigkeiten und ihre Auswirkungen auf die Stimmung.
4. Planung angenehmer Aktivitäten, Wochenplan, Neustrukturierung.
5. Angenehme Tätigkeiten und Kontrolle über Befinden, Tätigkeitsprotokoll.
6. Negative und positive Gedanken beeinflussen die Stimmung.
7. Gedankenkontrollen: Techniken zur Reduktion negativer Gedanken.
8. Ereignisbewertende Gedanken-Gefühle-Schema, Umstrukturierung.
9. Soziales Verhalten und Befinden, soziale Kompetenz im Alltag.
10. Lernen von Selbstsicherheit und sozialen Fertigkeiten.
11. Neue Kontakte knüpfen, Beziehungen gestalten.
12. Beibehalten der Fortschritte, Erfolgssicherung, Krisen- und Notfallplan.

Depression als Krankheit und keine Schwäche

Besonderheiten der Therapie mit älteren depressiven Patienten:

1. *Psychoedukation über Depression.* Ältere Patienten tendieren dazu, Depression als ein Zeichen für Schwäche oder Verrücktheit zu interpretieren. Vielfach präsentieren sie daher auch zunächst die somatischen Symptome. Andere Patienten denken, Depression sei die notwendige Folge einer körperlichen chronischen Erkrankung. Der Therapeut hat dann die Aufgabe, Depression als eine Krankheit darzustellen, die verschieden von der körperlichen Krankheit und gut behandelbar ist.

2. *Altersangepasste Liste angenehmer Aktivitäten.* Es ist empfehlenswert, eine altersangepasste Liste angenehmer Aktivitäten zu verwenden, die Aktivitäten beinhaltet, die oft und gerne von älteren Personen ausgeübt werden (vgl. Anhang, S. 108).
3. *Dysfunktionale Kognitionen bei funktionellen Einschränkungen.* Bei Vorliegen von funktionellen Einschränkungen aufgrund chronischer Erkrankungen neigen ältere Patienten dazu, sich eingeschränkter zu verhalten als sie es müssten. Kognitionen, die dahinter stehen, sind Alles-oder-Nichts- und unrealistisches negatives Denken. Dem Patienten wird dann geholfen, seine Erwartungen an sich und seinen Körper anzupassen (s. Kap. 4.2) und Aktivitäten zu entdecken, die Freude bringen.
4. *Dysfunktionale Kognitionen bei Verlusterlebnissen.* Patienten erleben häufig ein vermindertes Selbstwertgefühl als Folge von Verlusten gewohnter Rollen (z. B. nach Berentung, nach Umzug ins Seniorenheim), Kontrolle über den Körper (z. B. Sehstörungen, Inkontinenz) und nahe stehender Personen. Kognitive und behaviorale Strategien können angewendet werden, um eine neue Zukunftsperspektive aufzubauen (z. B. über Lebensrückblicksinterventionen) und Wahlmöglichkeiten (und damit Kontrollmöglichkeiten) zu identifizieren, die noch zur Verfügung stehen.
5. *Soziale Beziehungen.* Wie in Kapitel 1.3.1 dargestellt, ist das normale Altern von einer Verkleinerung des sozialen Netzwerkes begleitet mit einer größeren emotionalen Bedeutung der wenigen sozialen Beziehungen. Daher geht es in der Therapie mit älteren Patienten häufig nicht um den Aufbau sozialer Kontakte, sondern um die Verbesserung bzw. Intensivierung bestehender Kontakte. Zum Abbau von Abhängigkeit von anderen und Ängsten, anderen zur Last zu fallen, können Patienten dabei begleitet werden, die Beiträge wertzuschätzen, die sie immer noch im Leben anderer machen können.

Altersangepasste Liste angenehmer Aktivitäten

Erwartungen an Körper anpassen

Folgen von Verlusten für das Selbstwertgefühl

Verbesserung bestehender Beziehungen wichtiger als Aufbau neuer

Lebensrückblicksintervention. Die Lebensrückblicksintervention (Kap. 4.4.2) kann dann in die kognitiv-verhaltenstherapeutische Behandlung integriert werden, wenn Lebensbilanzierung und Sinnfindung Kernthemen der Behandlung sind. Eine Integration kann so aussehen, dass nach der Exploration jedes Lebensabschnittes erarbeitet werden kann, welche Lebensregeln (Schemata) das Erleben und Verhalten des Patienten während dieser Lebensphase geprägt haben und wie diese Regeln heute noch das Erleben und Verhalten beeinflussen.

4.4.4 Besonderheiten in der Behandlung von Angststörungen

Die Elemente der Behandlung von Angststörungen entsprechen weitgehend denen der Therapie im jüngeren und mittleren Erwachsenenalter. Es gibt auch nur wenige empirische Studien, die die Wirksamkeit von pharmakolo-

Angsttherapie (fast) wie bei jüngeren Erwachsenen

gischen und psychotherapeutischen Behandlungsansätzen bei älteren Patienten mit Angststörungen untersucht haben. Bei der Übertragung der mit Erwachsenen erprobten Strategien auf die ältere Population ist daher abzuwarten, ob nicht doch noch altersspezifische Modifikationen erforderlich sind.

Zu den kognitiv-verhaltenstherapeutischen Interventionen, die auch in der Angstbehandlung im Alter angewendet werden, gehören: Bedingungsanalyse, Psychoedukation („Teufelskreis-Modell"), Entspannungstraining, Reizkonfrontation, Training sozialer Kompetenz, kognitive Restrukturierung (Wisocki, 2002).

Besonderheiten der Therapie mit älteren Angstpatienten:

Kommunikation mit dem behandelndem Arzt

1. Die *Zusammenarbeit mit behandelnden Ärzten* ist wichtig, da gerade im Alter von gleichzeitig vorliegenden körperlichen Erkrankungen auszugehen ist, und körperliche Angstsymptome mit denen der somatischen Krankheit überlappen. Insbesondere ist im Gespräch mit dem Arzt zu identifizieren, welche Symptome über das für die körperliche Krankheit zu erwartende Ausmaß hinausgehen.

Lebensrückblicksintervention möglich

2. Obwohl eine *Lebensrückblicksintervention* nicht zur eigentlichen Behandlungsstrategie bei Angststörungen im Alter gehört, kann ein kurzer Lebensrückblick die Zusammenarbeit mit dem Patienten sowie seine Therapiemotivation verbessern. Dadurch wird dem Patienten Respekt gegenüber seiner Weisheit und Lebenserfahrung signalisiert.

Mehr, aber kürzere Sitzungen

Subjektives Angsterleben sollte im mittleren Bereich bleiben

3. *Erhöhte Dauer und reduzierte Intensität bei Desensibilisierung und Exposition:* Wird dem älteren Patienten eine Entspannungstechnik beigebracht, sind mehr Sitzungen einzuplanen als für jüngere Patienten (etwa doppelt so viele). Wegen schnellerer Ermüdung sollten kürzere Zeiten für die Desensibilisierung eingeplant werden (ca. 20 bis 30 Minuten). Wegen des schwächeren Gesundheitszustandes und insbesondere des größeren Risikos für kardiopulmonale Komplikationen, sollten geringere Intensitäten bei der Expositionsbehandlung eingesetzt werden. Es wird empfohlen, dass das subjektive Angsterleben im mittleren Bereich bleiben sollte und systematische Desensibilisierung dem Flooding vorzuziehen ist. Dies bleiben jedoch nur Empfehlungen, denn eine systematische Untersuchung dieser Besonderheiten in der Therapie mit älteren Menschen steht noch aus (vgl. Wetherell, 1998).

4.4.5 Besonderheiten in der Behandlung von Insomnie

Insomniebehandlung (fast) wie bei jüngeren Erwachsenen

Auch bei der Behandlung der Schlafstörung gibt es keine grundlegenden Unterschiede zwischen jüngeren und älteren Menschen (Riemann & Dressing, 2003). Als Erklärungsmodell für primäre Insomnien kann auf das Teufelskreis-Modell zurückgegriffen werden, das ein erhöhtes physiologisches und emotional-kognitives Erregungsniveau, Fokussierung auf den Schlaf, dysfunktionale Kognitionen, Angst vor der Schlaflosigkeit, dysfunktionale Schlafgewohnheiten und maladaptive Verhaltensweisen (Alkohol, chronische Hypnotikaeinnahme) annimmt.

Elemente der kognitiv-verhaltenstherapeutischen Behandlung der Insomnie im Alter (nach Riemann & Dressing, 2003)
1. Entspannungstechniken. 2. Kognitive Umstrukturierung zum Abbau des Grübelns in den Wachphasen (z. B. Gedankenstopp, Grübelstuhl). 3. Psychoedukation über Schlaf und Schlafhygiene (z. B. Alkohol, Nikotin, Koffein vermeiden; Wecker aus dem Gesichtsfeld entfernen; Einschlafritual; unrealistische Erwartungen an den Schlaf). 4. Regelmäßiger Schlaf-Wach-Rhythmus. 5. Stimuluskontrolle (z. B. nur bei Müdigkeit ins Bett gehen). 6. Schlafrestriktion (Schlafzeit zu Anfang gering, z. B. 5 Stunden; erst erhöhen, wenn sich der Schlaf konsolidiert, 1/2 Std. pro Woche mehr).

Besonderheiten der Therapie mit älteren Insomnie-Patienten:

Altersangemessene Veränderungen des Schlafverhaltens

1. Zur Psychoedukation des Patienten gehört auch, die *normalen Veränderungen des Schlafs im Alter* zu vermitteln. Dadurch können vielfach Sorgen um einen schlechten Schlaf vermindert werden. Normal und nicht besorgniserregend ist es, dass sich mit dem Alter die Einschlaflatenz verringert, nächtliche kurze Wachperioden häufiger werden, der Tiefschlafanteil geringer wird, der Leichtschlafanteil dafür zunimmt (Riemann & Dressing, 2003). Ältere Menschen nehmen daher ihren Schlaf subjektiv als gestörter und unruhiger wahr. Sie schlafen aber über den gesamten Tag nicht weniger als jüngere Erwachsene, da sie als Kompensation tagsüber zunehmend Nickerchen machen. Unrealistische Erwartungen wie „Acht Stunden Schlaf müssen sein" sollten modifiziert werden.

Aufbau eines sozialen Zeitgebers und körperlicher Aktivitäten

2. Im Rentenalter *fallen soziale Zeitgeber* durch eine regelmäßige Arbeitszeit weg. Dies kann bei der Initiierung und Aufrechterhaltung von Schlafstörungen eine Rolle spielen. Auch die *körperliche Aktivität nimmt oft ab* und beeinflusst den Schlaf-Wach-Rhythmus. Es sollte daher daraufhin gearbeitet werden, dass andere Zeitgeber gefunden werden, die den Tag strukturieren (z. B. Einschlafrituale). Auch eine regelmäßige körperliche Aktivität ist hilfreich.

4.4.6 Besonderheiten in der Behandlung von Komplizierter Trauer

Lebensrückblicksintervention bei KT

Psychisches Leiden durch das Betrauern des Verlustes von Angehörigen und Freunden ist im Alter häufig anzutreffen. Als altersspezifische Behandlungsstrategie kann bei Komplizierter Trauer (KT) die Lebensrückblicksintervention (s. Kap. 4.4.2) eingesetzt werden. Darüber hinaus gibt es in der Behandlung der KT keine prinzipiellen Unterschiede zwischen älteren und jüngeren Menschen. Daher sollen im Folgenden nur die Hauptbehandlungsstrategien dargestellt werden, die an anderer Stelle ausführlicher dargestellt sind (Maercker, 2002a; Znoj, 2004).

Nach Znoj (2004) lassen sich mögliche Interventionen in vier Bereiche einteilen: Klärung, bewältigungsorientiertes Vorgehen, Ressourcenaktivierung und Problemaktivierung (vgl. Tab. 24). Die wichtigsten Elemente sind das Ermöglichen des Trauerausdrucks, Psychoedukation, Trauerkonfrontation, Verhaltensübungen und kognitive Umstrukturierung (Maercker, 2002a).

Tabelle 24:
Therapeutische Interventionen bei Komplizierter Trauer (nach Znoj, 2004)

Überblick über Interventionen bei KT

Bereich	Interventionen
Klärung	– Einsicht in problematische Überzeugungen – Orientierung über die Trauer und deren Symptome – Normalisierung erlebter Gedanken und Gefühle – Motivationale Klärung – Neuorientierung mittels narrativer Techniken
Bewältigungsorientiertes Vorgehen	– Konfrontation mit stark vermiedenen Reizen – Veränderung problematischer Kognitionen und Einstellungen – Training sozialer Kompetenzen – Ermöglichen von korrektiven Erfahrungen – Genusstraining (Selbstbelohnungstraining) – Aufmerksamkeits-Dissoziation
Ressourcenaktivierung	– Aktivierung sozialer Kompetenzen – Aktivierung positiver Gefühle und Erfahrungen – Aktivierung sozialer Netzwerke – Positive Erfahrung mit verstorbener Person ermöglichen
Problemaktivierung	– Thematisieren und Symbolisieren des Verlustes – Schmerzhafte Gefühle ansprechen und mittels Übungen mit solchen konfrontieren – Helfen, der Trauer Ausdruck zu geben – Rekonstruktion der Beziehung zur verstorbenen Person

Umstände des Todes erinnern und Trauerausdruck ermöglichen

Ermöglichen des Trauerausdrucks. Der Therapeut unterstützt den Patienten darin, auf seine Weise die mit dem Verlust verbundenen Gefühle zu erleben und auszudrücken. Die Schaffung einer vertrauensvollen Beziehung ist dafür Grundlage. Der Patient wird aufgefordert, sich noch einmal an die näheren Umstände des Todes zu erinnern und davon zu berichten („*Wie ist er/sie gestorben? Waren Sie dabei? Was geschah dann?*“). Der Therapeut unterstützt aktiv das Weinen in dieser Phase der Therapie („*Das tut Ihnen jetzt weh und Ihnen kommen die Tränen. Halten Sie die Tränen bitte nicht zurück, sondern weinen Sie. Das wird Ihnen helfen.")* und exploriert ebenso Schuldgefühle, Ärger und Wut. Weitere therapeutische Mittel zur Aktivierung der Trauer sind:

Trauer gezielt aktivieren

Techniken zur Aktivierung der Trauer
1. Gebrauch von Symbolen (Fotos oder andere Erinnerungsstücke). 2. Schreiben (Briefe an den Verstorbenen, um Gefühle und Gedanken auszudrücken und zu klären, Unerledigtes zu beenden; Abschiedsbrief, um mit dem Verstorbenen in ein neues Verhältnis zu kommen). 3. Gebrauch von Metaphern (um den Verlustschmerz bildhaft zu verbalisieren). 4. Rollenspiele (um Fähigkeiten zu üben, den geforderten Ansprüchen aus der Umgebung gerecht zu werden). 5. Angeleitetes bildhaftes Erleben (Visualisieren von Erfahrungen mit der verstorbenen Person unter Entspannung, u. U. kombiniert mit direkter Anrede (Leere-Stuhl-Technik), um Gefühle zu verbalisieren und neue Perspektiven einzunehmen).

Den Schmerz verstärken bis zur angenehmen Erschöpfung

Trauerkonfrontation. Der Patient wird angeleitet, sich bewusst mit Reizen zu konfrontieren, die mit dem Trauerfall in Zusammenhang stehen (z. B. hinterlassene Gegenstände, Fotos vom Verstorbenen, Lieblingsmusikstücke des Verstorbenen). Insbesondere bei schwerer intrusiver Symptomatik (z. B. wiederkehrendem Weinen) wird die beschriebene Trauerkonfrontation mit weiteren Instruktionen verbunden, z. B. in einer fest definierten Zeitspanne die Erinnerungen zuzulassen, durch die es jedes Mal zu Gefühlsausbrüchen kommt. Vom Therapeuten verlangt dieses Vorgehen, den Schmerz auszuhalten und sogar zu verstärken. Der Therapeut bemerkt, welche Gefühle am meisten Schmerzen (z. B. Schuldgefühle, Wut) erzeugen und leitet an, sich auch mit diesen zu konfrontieren. Der Patient wird bis zu dem Punkt geführt, an dem die heftigen Gefühle abebben und einer Erschöpfung Platz machen. Dieses Nachlassen wird vom Patienten fast immer als angenehm erlebt und geht mit einer Reduktion der schmerzlichen Intrusionen einher.

Verhaltensübungen während des gesamten Prozesses einsetzen

Verhaltensübungen. Verhaltensübungen im Prozess der Trauerkonfrontation und der Neuausrichtung auf das weitere Leben können sein:
- *Besinnungsaufgaben* (z. B. Fotos anschauen, Gespräch mit dem Verstorbenen),
- *Schreibaufgaben* (z. B. Brief an Verstorbenen, Schilderung über die Zeit vom Todesfall bis zur Beerdigung),
- *Ausführen eines Rituals* (z. B. den Friedhof besuchen),
- *Ausprobieren neuer Aktivitäten* (z. B. Aufbau sozialer Aktivitäten, sinnvolle Freizeitbeschäftigungen, wie z. B. in der Depressionstherapie).

Kognitive Umstrukturierung. Häufig tritt in der Trauertherapie mit älteren Patienten die Überzeugung „Ich möchte ohne ihn/sie nicht mehr weiterleben“ auf. Dies kann zu suizidalen Krisen und manifesten Suizidhandlungen führen. Eine weitere Überzeugung kann sein, andere Menschen, auch die Kinder, mit der eigenen Trauer nicht belasten zu wollen. Hierbei kann die alternative Sichtweise erarbeitet werden, dass es für die Kinder meistens schwerer ist, hilflos zusehen zu müssen, wie die eigenen Eltern psychisch leiden, als sich deren Gefühlsäußerungen anhören zu müssen.

4.5 Effektivität und Prognosen

Psychotherapie zur Bewältigung körperlicher Veränderungen

Bewältigung chronischer Krankheiten. Es gibt bisher nicht viele Studien zur Wirksamkeit der Kognitiven Verhaltenstherapie (KVT) in der Behandlung chronisch kranker alter Menschen. Die wenigen Studien sind aber ermutigend. Eine Studie berichtete von einem Therapieprogramm in einer geriatrischen Rehabilitationsklinik, das den Rehabilitationerfolg verbessern konnte (Lopez & Mermelstein, 1995). Auch ein KVT-Programm zur Behandlung von Schmerz im Alter war erfolgreicher als eine Kontrollbedingung (Cook, 1998).

Selbstständigkeitsinterventionen sind wirksam

Förderung von Selbstständigkeit. Der Erfolg eines Interventionsprogramms zur Förderung der Selbstständigkeit (Zank, 2002b) konnte empirisch bestätigt werden (Baltes, Neumann & Zank, 1994). Die trainierten Pflegekräfte zeigten mehr selbstständigkeitsförderndes und weniger unselbstständigkeitsförderndes Verhalten. Die älteren Menschen übten mehr selbstständiges Verhalten aus.

Therapie bei Inkontinenz. Harninkontinenz kann erfolgreich mit dem beschriebenen verhaltenstherapeutischen Methoden behandelt werden (Zank, 2002b).

Psychotherapie bei MCI und Demenz

Bisher wenige gute Studien, aber verheißungsvolle Ergebnisse

Für die verschiedenen psychotherapeutischen Behandlungsmodule liegen bisher nur wenige methodisch gut durchgeführte Studien vor. Allerdings sind die bereits durchgeführten Studien sehr verheißungsvoll (Übersichten z. B. bei Doody et al., 2001; Gräsel, Wiltfang & Kornhuber, 2003). Ein modulares Behandlungsprogramm für MCI und Frühdemenz, wie es hier dargestellt wurde, war bisher nicht Gegenstand kontrollierter Studien. Einzelne Module werden allerdings bereits empirisch unterstützt.

Aktivitätenaufbau und *Verhaltensmodifikation* als Teile eines Verhaltensmanagementprogramms tragen dazu bei, Depression (Teri, Logsdon & Uomoto, 1997) und Agitation (Teri et al., 2000) zu reduzieren, wenn auch nicht in einem stärkeren Ausmaß als medikamentöse Therapie. Die besten Ergebnisse scheint eine Kombination aus körperlicher Aktivierung und Verhaltensmodifikation durch die Angehörigen zu sein.

Verhaltensmanagement reduziert Depression und Agitation bei Demenz

In einer Reihe von Fallstudien berichten Scholey und Woods (2003), dass mit Techniken der *kognitiven Restrukturierung* die Depressivität von Patienten mit Demenz und Depression reduziert werden kann. Die *Förderung kognitiver Funktionen* durch Gedächtnistrainings in Gruppen, die neben kognitiven Übungen auch andere stimulierende Aktivitäten beinhalten, kann die Lebensqualität, die kognitiven Leistungen und Alltagsfertigkeiten stabilisieren (Meier, Ermini-Fünfschilling, Monsch & Stähelin, 1996).

Psychosoziale Interventionen bei Angehörigen und Pflegekräften von Demenzkranken reduzieren die psychische Belastung der Betreuer und verbessern die Stimmung der Patienten (Brodaty, Green & Koschera, 2003).

Psychotherapie bei sozialen und emotionalen Veränderungen

Depression. Die kognitiv-verhaltenstherapeutische Behandlung (KVT) der Depression im Alter erwies sich als effektiv. Verglichen mit einer Wartegruppe fanden sich Effektstärken von d = 0.79 bis 1.44, verglichen mit anderen Therapieformen zeigten sich Effekte zugunsten der KVT mit d = 0.14 bis 0.7 (Hautzinger, 2000; Scogin & McElreath, 1994). Für Lebensrückblicksinterventionen zur Behandlung von Depression im Alter zeigten sich in einer Metaanalyse eine gute Wirksamkeit (Scogin & McElreath, 1994)

Depressionstherapie im Alter effektiv

Angststörungen. Boerner (2004) fasst die Effektivitätsstudien zu Angststörungen (vor allem zu Generalisierter Angststörung) zusammen: Verfahren der kognitiven Verhaltenstherapie (kognitive Umstrukturierung, Entspannungstraining, Exposition) sind bei älteren Angstpatienten gut wirksam. Auch bei Patienten mit Multikomorbidität erwies sich die Behandlung als effektiv. Für Lebensrückblicksinterventionen zur Behandlung von PTBS im Alter zeigten sich in einem Fallbericht eine gute Wirksamkeit (Maercker & Zöllner, 2002).

Angsttherapie im Alter effektiv

Insomnie. Die kognitiv-verhaltenstherapeutische Behandlung der Insomnie bei älteren Menschen hat sich als effektiv erwiesen (Nau, McCrae, Cook & Lichstein, 2005). Kurzfristig ist eine pharmakologische Behandlung zwar ähnlich effektiv, langfristig ist aber die KVT-Behandlung überlegen.

KVT bei Insomnie im Alter Medikamenten überlegen

Komplizierte Trauer. Die Trauerkonfrontation hat sich als sehr effektives Verfahren in der Trauertherapie erwiesen. Zwei randomisierte kontrollierte Studien konnten zeigen, dass eine kognitiv-verhaltenstherapeutische Behandlung wirksam ist (Shear, Frank, Houck & Reynolds, 2005; Wagner, Knaevelsrud & Maercker, 2006).

4.6 Spezielle Probleme bei der Durchführung der Methoden

Praktische Probleme

Finanzielle Barriere

Es gibt einige Schwierigkeiten, die einige ältere Menschen von einer potenziellen Psychotherapie zurückhalten. Eines dieser Probleme sind finanzielle Begrenzungen, das den Besuch einer ambulanten Psychotherapie verhindern kann. Auch wenn die Behandlung von der Krankenversicherung übernommen wird, muss die Fahrt zum Psychotherapeuten bezahlt werden. Die Fahrt selbst stellt ein weiteres Problem dar, insbesondere wenn der alte Mensch auf dem Land lebt. Schließlich sind körperliche Einschränkungen häufig ein Hindernis. Speziell, wenn eine Person mit mehrfachen körperlichen Problemen und niedrigem Einkommen auf dem Land lebt, wird er/sie kaum zu einer ambulanten Psychotherapie in die Stadt kommen. Hier ist der Psychotherapeut herausgefordert, neue Wege im therapeutischen Angebot zu gehen. Der Therapeut kann z. B. für den Transport sorgen oder die Behandlung in der Wohnung des Patienten durchführen.

Körperliche Einschränkungen können Psychotherapieinanspruchnahme erschweren

Falsche Vorstellungen über Psychotherapie

Scham, Angst vor Erniedrigung

Für viele ältere Personen ist mit dem Besuch einer psychologischen Behandlung eine Stigmatisierung verbunden. Viele fürchten Gefühle von Scham und Erniedrigung, weil sie ihre eigenen Probleme nicht lösen können und auf andere Menschen angewiesen sind. Damit ist häufig die Unkenntnis über psychische Störungen und ihre effektiven Behandlungen verbunden. Um dem zu begegnen, können Therapieangebote z. B. als „Trainings" angekündigt werden. Hat eine ältere Person den Weg zum Psychotherapeuten gefunden, sollte dieser mit Sensibilität diese unrealistischen oder negativen Erwartungen gegenüber der Therapie ansprechen, u. a. folgende (Knight, 2003):

Wichtige Informationen in der ersten Sitzung

- „Sie müssen nicht verrückt sein, um von einer Psychotherapie zu profitieren. Psychotherapie hilft bei Lebensproblemen.",
- Aktive Zusammenarbeit zwischen Patient und Psychotherapeut,
- Voraussichtliche Länge der Therapie und Frequenz,
- „Gefühle auszudrücken kann Erleichterung bringen.",
- Schweigepflicht des Therapeuten.

Mangel an Interesse und Kenntnis des Psychotherapeuten

Dem Leser wird wohl kaum Mangel an Interesse an der Behandlung älterer Menschen vorzuwerfen sein. Mangelndes Interesse an Alterspsychotherapie stellt jedoch sicher eine Barriere für ausreichende Therapieangebote für diese Altersgruppe dar. Hat ein Psychotherapeut einmal Erfahrung mit älteren Patienten gemacht, verstärkt sich meist die Bereitschaft, Patienten dieser Altersgruppe zu therapieren.

Psychotherapeuten sind noch zu selten bereit zur Behandlung Älterer

5 Weiterführende Literatur

Fachliteratur

Alterspsychotherapie allgemein

Förstl, H. (Hrsg.). (2003). *Lehrbuch der Gerontopsychiatrie und -psychotherapie. Grundlagen – Klinik – Therapie* (2. Aufl.). Stuttgart: Thieme.

Heuft, G., Kruse, A. & Radebold, H. (2006). *Lehrbuch der Gerontopsychosomatik und Alterspsychotherapie* (2. Aufl.). Stuttgart: UTB.

Knight, B. G. (2003). *Psychotherapy with older adults* (3. ed.). Thousands Oaks, CA: Sage.

Maercker, A. (Hrsg.). (2002). *Alterspsychotherapie und klinische Gerontopsychologie.* Berlin: Springer.

Demenz

Ehrhardt, T. & Plattner, A. (1999). *Verhaltenstherapie bei Morbus Alzheimer.* Göttingen: Hogrefe.

Ivemeyer, D. & Zerfaß, R. (2006). *Demenztests in der Praxis: Ein Wegweiser* (2. Aufl.). München: Urban & Fischer.

Wallesch, C.-W. & Förstl, H. (Hrsg.). (2005). *Demenzen.* Stuttgart: Thieme.

Depression und Angst im Alter

Blonski, H. (Hrsg.). (1995). *Alte Menschen und ihre Ängste: Ursachen, Behandlung, praktische Hilfen.* München: Ernst Reinhardt.

Hautzinger, M. (2000). *Depression im Alter.* Weinheim: Beltz/PVU.

Patientenratgeber

Alter allgemein

Lehr, U. & Oswald, W. D. (1991). *Altern.* Bern: Huber.

Schlumpf, E. (2003). *Wenn ich einst alt bin, trage ich Mohnrot.* München: Kösel.

Depression im Alter

Hautzinger, M. (2006). *Wenn Ältere schwermütig werden. Hilfen für Betroffene und Angehörige.* Weinheim: Beltz/PVU.

Demenz

Niemann-Mirmehdi, M. & Mahlberg, R. (2003). *Alzheimer. Was tun, wenn die Krankheit beginnt?* Stuttgart: Trias.

McGowin, D. F. (1994). *Wie in einem Labyrinth. Leben mit der Alzheimer-Krankheit.* München: Knaur.

Verschiedene Broschüren der Alzheimer-Vereinigungen.

Ratgeber für Angehörige

Alter allgemein

Ilardo, J. A. & Rothmann, C. R. (2002). *Alt und eigensinnig.* Kreuzlingen: Ariston.

Künzel-Schön, M. (2004). *Wenn alte Eltern Hilfe brauchen.* München: C. H. Beck.

Schmitt, E. M. & Wojnar, J. (1999). *Leitlinien zum Umgang mit Verwirrten.* Hannover: Vincentz.

Demenz

Alzheimer Europe (Hrsg.). (2005). *Handbuch der Betreuung und Pflege von Alzheimer-Patienten* (2. Aufl.). Stuttgart: Georg Thieme.

Buijssen, H. P. J. (2003). *Demenz und Alzheimer verstehen – mit Betroffenen leben. Ein praktischer Ratgeber.* Weinheim: Beltz.

Klessmann, E. (2006). *Wenn die Eltern Kinder werden und doch die Eltern bleiben. Die Doppelbotschaft der Altersdemenz* (5. Aufl.). Bern: Huber.

Mace, N. L. & Rabins, P. V. (2001). *Der 36-Stunden-Tag. Die Pflege des verwirrten älteren Menschen, speziell des Alzheimer-Kranken* (5. Aufl.). Bern: Huber.

Tönnies, I. (2004). *Abschied zu Lebzeiten. Wie Angehörige mit Demenzkranken leben* (2. Aufl.): Psychiatrie-Verlag.

6 Literatur

Angst, J., Merikangas, K., Scheideregger, P. & Wicki, W. (1990). Recurrent brief depression: A new subtype of affective disorder. *Journal of Affective Disorders, 19*, 87–98.

Baltes, M. M. & Carstensen, L. L. (1996). Gutes Leben im Alter: Überlegungen zu einem prozessorientierten Metamodell erfolgreichen Alterns. *Psychologische Rundschau, 47*, 199–215.

Baltes, M. M., Neumann, E. M. & Zank, S. (1994). Maintenance and rehabilitation of independence in old age: An intervention program for staff. *Psychology and Aging, 9*, 179–188.

Baumann, U., Mitmansgruber, H., Thiele, C. & Feichtinger, L. (2002). Übergang ins Seniorenheim: eine Herausforderung für Senioren – und für Psychologen. In A. Maercker (Hrsg.), *Alterspsychotherapie und klinische Gerontopsychologie* (S. 283–318). Berlin: Springer.

Beck, A. T., Stanley, M. A. & Zebb B. J. (1999). The effectiveness of the Hamilton Anxiety Rating Scale with older generalized anxiety disorder patients. *Journal of Clinical Geropsychology, 5*, 281–290.

Beekman, A.T.F., de Beurs, E., Van Balkom, A.J., Deeg, D.J., Van Dyck, R. & Van Tilburg, T. (2000). Anxiety and depression in later life: Co-occurence and communality of risk factors. *American Journal of Psychiatry, 157*, 89–95.

Billiard, M., Partinen, M., Roth, T. & Shapiro, C. (1994). Sleep and psychiatric disorders. *Journal of Psychosomatic Research, 38*, 1–2.

Boerner, R. J. (2004). Angst im Alter – Epidemiologie, Diagnostik und therapeutische Optionen. *Fortschritte der Neurololgie, Psychiatrie, 72*, 564–573.

Brähler, E. & Scheer, J. W. (1995). *Der Gießener Beschwerdebogen (GBB)* (2. Aufl.). Bern: Huber.

Brodaty, H., Green, A. & Koschera, A. (2003). Meta-analysis of psychosocial interventions for caregivers of people with dementia. *Journal of the American Geriatrics Society, 51*, 657–664.

Brodaty, H. & Moore, C. M. (1997). The Clock Drawing Test for dementia of the Alzheimer's type: A comparison of three scoring methods in a memory disorders clinic. *International Journal of Geriatric Psychiatry, 12*, 619–627.

Calabrese, P. & Kessler, J. (2000). *DEMTECT*. Karlsruhe: EISAI/Pfizer.

Collegium Internationale Psychiatriae Scalarum (CIPS). (1996). *Internationale Skalen für die Psychiatrie* (4. Aufl.). Göttingen: Beltz Test.

Collegium Internationale Psychiatriae Scalarum (CIPS). (2005). *Internationale Skalen für die Psychiatrie* (5. Aufl.). Göttingen: Beltz Test.

Cook, A. J. (1998). Cognitive-behavioral pain management for elderly nursing home residents. *Journal of Gerontology: Psychological Sciences, 53B*, P51–59.

Cummings, J. L., Mega, M., Gray, K., Rosenberg-Thompson, S., Carusi, D. A. & Gornbein, J. (1994). The Neuropsychiatric Inventory: comprehensive assessment of psychopathology in dementia. *Neurology, 44*, 2308–2314.

Doody, R. S., Stevens, J. C., Beck, C., Dubinsky, R. M., Kaye, J. A., Gwyther, L. et al. (2001). Practice parameter: Management of dementia (an evidence-based review). Report of the Quality Standards Subcommittee of the American Academy of Neurology. *Neurology, 56*, 1154–1166.

Ehlert, U. (Hrsg.). (2003). *Verhaltensmedizin*. Berlin: Springer.

Ehrhardt, T. & Plattner, A. (1999). *Verhaltenstherapie bei Morbus Alzheimer*. Göttingen: Hogrefe.

Ellis, A. (1997). *Grundlagen und Methoden der Rational-Emotiven Verhaltenstherapie*. München: Pfeiffer.

Erzigkeit, H. (2001). *SKT: Kurztest zur Erfassung von Gedächtnis- und Aufmerksamkeitsstörungen. Manual* (24. Aufl.). Erlangen: Geromed GmbH.

Feil, N. & de Klerk-Rubin, V. (2005). *Validation: Ein Weg zum Verständnis verwirrter alter Menschen* (7 ed.). München: Ernst Reinhardt Verlag.

Folstein, M. F., Folstein, S. E. & McHugh, P. R. (1990). *MMST. Mini-Mental-Status-Test. Deutschsprachige Fassung von J. Kessler, S. E. Folstein, P. Denzler*. Weinheim: Beltz Test.

Forstmeier, S. & Maercker, A. (2005). Motivationale Reservekapazität bei dementiellen Erkrankungen: Entwicklung eines Messkonzeptes. *Nervenarzt, 76*(Suppl. 1), S. 100–S. 101.

Forstmeier, S. & Maercker, A. (2007). Comparison of two diagnostic systems for Complicated Grief. *Journal of Affective Disorders, 99*, 203–211.

Forstmeier, S., Uhlendorff, H. & Maercker, A. (2005). Diagnostik von Ressourcen im Alter. *Zeitschrift für Gerontopsychologie und -psychiatrie, 18*, 227–257.

Freund, A. M. (1995). *Die Selbstdefinition alter Menschen*. Berlin: MPI für Bildungsforschung.

Füsgen, I. (2000). *Der ältere Patient: Problemorientierte Diagnostik und Therapie* (3 ed.). München: Urban & Fischer.

Füsgen, I. & Melchior, H. (1997). *Inkontinenzmanual: Diagnostik, Therapie, Rehabilitation* (2 ed.). Berlin: Springer.

Gallagher-Thompson, D., Thompson, L. W. & Rider, K. L. (1984). *Older Person's Pleasant Events Schedule*. Unpublished manuscript, Stanford University.

Gauggel, S. & Birkner, B. (1998). Diagnostik depressiver Störungen bei älteren Menschen: Eine Übersicht über die Entwicklung und Evaluation der Geriatric Depression Scale (GDS). *Zeitschrift für Gerontopsychologie und -psychiatrie, 11*, 159–171.

Gauthier, S., Reisberg, B., Zaudig, M., Petersen, R. C., Ritchie, K., Broich, K. et al. (2006). Mild cognitive impairment. *Lancet, 367*, 1262–1270.

Gräsel, E., Wiltfang, J. & Kornhuber, J. (2003). Non-drug therapies for dementia: An overview of the current situation with regard to proof of effectiveness. *Dementia and Geriatric Cognitive Disorders, 15*, 115–125.

Gunzelmann, T., Schumacher, J. & Brähler, E. (2002). Prävalenz von Schmerzen im Alter: Ergebnisse repräsentativer Befragungen der deutschen Altenbevölkerung mit dem Gießener Beschwerdebogen. *Schmerz, 16*, 249–254.

Haight, B. K. & Webster, J. (Eds.). (1995). *The art and science of reminiscing: Theory, research, methods and applications*. Washington, DC: Taylor & Francis.

Hautzinger, M. (2000). *Depression im Alter*. Weinheim: Beltz/PVU.

Hautzinger, M. & Bailer, M. (1993). *Allgemeine Depressionsskala (ADS)*. Weinheim: Beltz Test.

Hautzinger, M., Bailer, M., Keller, F. & Worall, H. (1995). *Das Beck Depressions Inventar (BDI)*. Bern: Huber.

Hayes, S. C., Strohsal, K. D. & Wilson, K. G. (2004). *Akzeptanz und Commitment Therapie: Ein erlebnisorientierter Ansatz zur Verhaltensänderung*. München: CIP-Medien.

Heun, R., Papassotiropoulos, A. & Ptok, U. (2000). Subthreshold depressive and anxiety disorders in the elderly. *European Psychiatry, 15*, 173–182.

Hindmarch, I., Lehfeld, H., de Jongh, P. & Erzigkeit, H. (1998). The Bayer Activities of Daily Living Scale (B-ADL). *Dementia and Geriatric Cognitive Disorders, 9(Suppl 2)*, 20–26.

Ihl, R. & Frölich, L. (1991). *Die Reisberg-Skalen. Manual*. Weinheim: Beltz Test.

Ihl, R. & Weyer, G. (1993). *Alzheimer's Disease Assessment Scale. Deutsche Bearbeitung. Manual*. Weinheim: Beltz Test.

Ivemeyer, D. & Zerfaß, R. (2006). *Demenztests in der Praxis: Ein Wegweiser* (2. Aufl.). München: Urban & Fischer.

Jacobs, S., Hansen, F., Kasl, S., Ostfeld, A., Berkman, L. & Kim, K. (1990). Anxiety disorders during acute bereavement: risk and risk factors. *Journal of Clinical Psychiatry, 51*, 269–274.

Jedrziewski, M. K., Lee, V. M. & Trojanowski, J. Q. (2005). Lowering the risk of Alzheimer's disease: Evidence-based practices emerge from new research *Alzheimer's and Dementia, 1*, 152–160.

Knight, B. G. (2003). *Psychotherapy with older adults* (3 ed.). Thousands Oaks, CA: Sage.

Laux, L., Glanzmann, P., Schaffner, P. & Spielberger, C. D. (1981). *Das State-Trait-Angstinventar*. Weinheim: Beltz Test.

Lawton, M. P. & Brody, E. M. (1969). Assessment of older people: self-maintaining and instrumental activities of daily living. *Gerontologist, 9*, 179–186.

Lenze, E. J., Rogers, J. C., Martire, L. M., Mulsant, B. H., Rollman, B. L., Dew, M. A. et al. (2001). The association of late-life depression and anxiety with physical disability: A review of the literature and prospectus for future research. *American Journal of Geriatric Psychiatry, 9*, 113–135.

Lobo, A., Launer, L. J., Fratiglioni, L., Andersen, K., Di Carlo, A., Breteler, M. M. et al. (2000). Prevalence of dementia and major subtypes in Europe: A collaborative study of population-based cohorts. Neurologic Diseases in the Elderly Research Group. *Neurology, 54*(11 Suppl 5), S4–9.

Lopez, M. A. & Mermelstein, R. J. (1995). A cognitive-behavioral program to improve geriatric rehabilitation outcome. *Gerontologist, 35*, 696–700.

Lübke, N., Grassl, A., Kundy, M., Meier-Baumgartner, H. P. & Wilk, J. (2001). Hamburger Einstufungsmanual zum Barthel-Index. *Geriatrie Journal, 1–2*, 41–46.

Maercker, A. (2002a). Posttraumatische Belastungsstörungen und komplizierte Trauer: Lebensrückblicks- und andere Interventionen. In A. Maercker (Hrsg.), *Alterspsychotherapie und klinische Gerontopsychologie* (S. 245–282). Berlin: Springer.

Maercker, A. (2002b). Psychologie des höheren Lebensalters: Grundlagen der Alterspsychotherapie und klinischen Gerontopsychologie. In A. Maercker (Hrsg.), *Alterspsychotherapie und klinische Gerontopsychologie* (S. 1–58). Berlin: Springer.

Maercker, A. (2004). *Liste angenehmer Tätigkeiten für Ältere.* Unveröffentlichtes Manuskript, Universität Zürich.

Maercker, A., Enzler, A., Grimm, G., Helfenstein, E. & Ehlert, U. (2005). Inanspruchnahme und Psychotherapiemotivation in einer repräsentativen Bevölkerungsstichprobe über 65-Jähriger – Ergebnisse der Zürcher Altersstudie. *Psychotherapie, Psychosomatik, Medizinische Psychologie, 55*, 177–182.

Maercker, A., Forstmeier, S., Enzler, A., Krüsi, G., Hörler, E., Maier, C. & Ehlert, U. (2007). Adjustment disorders, PTSD, and depressive disorders in old age: Findings from a community survey. *Comprehensive Psychiatry* (angenommen).

Maercker, A. & Zöllner, T. (2002). Life-Review-Therapie als spezifische Form der Behandlung Posttraumatischer Belastungsstörungen im Alter. *Verhaltenstherapie und Verhaltensmedizin, 23*, 213–226.

Margraf, J. & Ehlers, A. (2005/in Vorb.). *Das Beck Angst Inventar*. Frankfurt: Harcourt.

Meier, D., Ermini-Fünfschilling, D., Monsch, A. U. & Stähelin, H. B. (1996). Kognitives Kompetenztraining mit Patienten im Anfangsstadium einer Demenz. *Zeitschrift für Gerontopsychologie und -psychiatrie, 9*, 207–217.

Morris, J. C. (1993). The Clinical Dementia Rating (CDR): current version and scoring rules. *Neurology, 43*, 2412–2414.

Nau, S. D., McCrae, C. S., Cook, K. G. & Lichstein, K. L. (2005). Treatment of insomnia in older adults. *Clinical Psychology Review, 25*, 645–672.

Niederfranke, A. (1991). *Ältere Frauen in der Auseinandersetzung mit Berufsaufgabe und Partnerverlust*. Stuttgart: Kohlhammer.

Niklewski, G. & Baldwin, B. (2003). Depressive Erkrankungen. In H. Förstl (Hrsg.), *Lehrbuch der Gerontopsychiatrie und -psychotherapie: Grundlagen, Klinik, Therapie* (2. Aufl.). Stuttgart: Thieme.

Oswald, W. D. & Fleischman, U. M. (1999). *Nürnberger Alters-Inventar (NAI)* (4. Aufl.). Göttingen: Hogrefe.

Petersen, R. C. (2004). Mild cognitive impairment as a diagnostic entity. *Journal of Internal Medicine, 256*, 183–194.

Prigerson, H. G. & Maciejewski, P. K. (2006). A call for a sound empirical testing and evaluation of criteria for Complicated Grief proposed for DSM-V. *Omega, 52*, 9–19.

Raem, A. M., Fenger, H., Kolb, G. F., Nikolaus, T., Pientka, L., Rychlik, R. et al. (2005). *Handbuch Geriatrie: Lehrbuch für Praxis und Klinik*. Düsseldorf: Deutsche Krankenhaus Verlagsgesellschaft.

Rief, W., Hiller, W. & Heuser, J. (1997). *SOMS – Das Sreening für Somatoforme Störungen*. Bern: Huber.

Riemann, D. & Dressing, H. (2003). Schlafstörungen. In H. Förstl (Hrsg.), *Lehrbuch der Gerontopsychiatrie und -psychotherapie: Grundlagen, Klinik, Therapie* (2. Aufl.). Stuttgart: Thieme.

Rosen, W. G., Terry, R. D. & Fuld, P. (1980). Pathological verification of ischemia score in differentiation of dementias. *Annals of Neurolology, 7*, 486–488.

Schmähl, W. & Fachinger, U. (1998). *Armut und Reichtum – Einkommen und Einkommensverwendung älterer Menschen*. Bremen: Zentrum für Sozialpolitik.

Schneekloth, U. (2006). *Hilfe- und Pflegebedürftigkeit in Alteneinrichtungen 2005*. München: TNS Infratest Sozialforschung.

Scholey, K. A. & Woods, B. T. (2003). A series of brief cognitive therapy interventions with people experiencing both dementia and depression: a description of techniques and common themes. *Clinical Psychology & Psychotherapy, 10*, 175–185.

Schubert, C. C., Boustani, M., Callahan, C. M., Perkins, A. J., Carney, C. P., Fox, C. et al. (2006). Comorbidity profile of dementia patients in primary care: are they sicker? *Journal of the American Geriatrics Society, 54*, 104–109.

Scogin, F. & McElreath, L. (1994). Efficacy of psychosocial treatments for geriatric depression: A quantitative review. *Journal of Consulting and Clinical Psychology, 62*, 69–74.

Sharoff, K. (2004). *Coping Skills Therapy for managing chronic and terminal illness*. New York: Springer.

Shear, K., Frank, E., Houck, P. R. & Reynolds, C. F., 3rd. (2005). Treatment of complicated grief: a randomized controlled trial. *Journal of the American Medical Association, 293*, 2601–2608.

Steinhagen-Thiessen, E. & Borchelt, M. (1996). Morbidität, Medikation und Funktionalität im Alter. In H. Mayer & P. B. Baltes (Hrsg.), *Die Berliner Altersstudie* (S. 151–183). Berlin: Akademie-Verlag.

Teri, L., Logsdon, R. G., Peskind, E. R., Raskind, M. A., Weiner, M. F., Tractenberg, R. E. et al. (2000). Treatment of agitation in Alzheimer's disease patients: A randomized placebo controlled clinical trial. *Neurology, 5*, 1271–1278.

Teri, L., Logsdon, R. G. & Uomoto, J. (1997). Behavioral treatment of depression in demented patients: a controlled clinical trial. *Journal of Gerontology, 4*, 159–166.

Thalmann, B. & Monsch, A. U. (1997). *CERAD-NP – Neuropsychologische Testbatterie: Vorläufige Normen*. Basel: Memory Clinic.

von Renteln-Kruse, W. (2001). Epidemiologische Aspekte der Morbidität im Alter. *Zeitschrift für Gerontologie und Geriatrie, 34 (Suppl. 1)*, I/10-I/15.

von Schlippe, A. & Schweitzer, J. (2003). *Lehrbuch der systemischen Therapie und Beratung* (9. Aufl.). Göttingen: Vandenhoeck und Ruprecht.

Wagner, B., Knaevelsrud, C. & Maercker, A. (2006). Internet-based cognitive-behavioral therapy for Complicated Grief: A randomized controlled trial. *Death Studies, 30*, 429–453.

Wahl, H.-W. (2000). Ökologische Interventionen. In H.-W. Wahl & C. Tesch- Römer (Hrsg.), *Angewandte Gerontologie in Schlüsselbegriffen*. Stuttgart: Kohlhammer.

Wallesch, C.-W. & Förstl, H. (Hrsg.). (2005). *Demenzen*. Stuttgart: Thieme.

Walter, U. & Schwartz, F. W. (2001). Gesundheit der Älteren und Potenziale der Prävention und Gesundheitsförderung. In D. Z. f. Altersfragen (Hrsg.), *Personale, gesundheitliche und Umweltressourcen im Alter. Expertisen zum dritten Altenbericht der Bundesregierung – Band 1* (S. 145–251). Opladen: Leske und Budrich.

Wernicke, T. F., Linden, M., Gilberg, R. & Helmchen , H. (2000). Ranges of psychiatric morbidity in the old and the very old – results from the Berlin Aging Study (BASE). *European Archives of Psychiatry and Clinical Neuroscience 250*, 111–119.

Wetherell, J. L. (1998). Treatment of anxiety in older adults. *Psychotherapy, 35*, 444–458.

Wetterling, T. (2001). *Gerontopsychiatrie: Ein Leitfaden für Diagnostik und Therapie*. Berlin: Springer.

WHO (2005). *Internationale Klassifikation der Funktionsfähigkeit, Behinderung und Gesundheit (ICF)*. Genf: WHO.

Wisocki, P. A. (2002). Angststörungen. In A. Maercker (Hrsg.), *Alterspsychotherapie und klinische Gerontopsychologie*. Berlin: Springer.

Wittchen, H.-U., Schuster, P. & Lieb, R. (2001). Comorbidity and mixed anxiety-depressive disorder: clinical curiosity or pathophysiological need? *Human Psychopharmacology, 16*(S1), S21-S30.

Zank, S. (2002a). Einstellungen alter Menschen zur Psychotherapie und Prädiktoren der Behandlungsbereitschaft bei Psychotherapeuten. *Verhaltenstherapie und Verhaltensmedizin, 23*, 181–194.

Zank, S. (2002b). Selbständigkeitsinterventionen. In A. Maercker (Hrsg.), *Alterspsychotherapie und klinische Gerontopsychologie* (S. 319–339). Berlin: Springer.

Zaudig, M. & Hiller, W. (2000). *Strukturiertes Interview für die Diagnose einer Demenz vom Alzheimer Typ, der Multiinfarkt Demenz und Demenzen anderer Ätiologien (SIDAM)*. Bern: Huber.

Zisook, S., Shuchter, S. R., Sledge, P. A., Paulus, M. & Judd, L. L. (1994). The spectrum of depressive phenomena after spousal bereavement. *Journal of Clinical Psychiatry, 55*, 29–36.

Znoj, H. J. (2004). *Komplizierte Trauer*. Göttingen: Hogrefe.

7 Anhang

Barthel-Index zur Erfassung der basalen Alltagsaktivitäten (ADLs)	
1. Essen	
– Unabhängig, isst selbstständig, benutzt Geschirr und Besteck	10
– Braucht etwas Hilfe, z. B. Fleisch oder Brot schneiden	5
– Nicht selbstständig, auch wenn o. g. Hilfe gewährt wird	0
2. Bett/(Roll-)Stuhltransfer	
– Unabhängig in allen Phasen der Tätigkeit	15
– Geringe Hilfe oder Beaufsichtigung erforderlich	10
– Erhebliche Hilfe beim Transfer, Lagewechsel, Liegen/Sitz selbstständig	5
– Nicht selbstständig, auch wenn o. g. Hilfe gewährt wird	0
3. Waschen	
– Unabhängig beim Waschen von Gesicht, Händen; Kämmen, Zähneputzen	5
– Nicht selbstständig	0
4. Toilettenbenutzung	
– Unabhängig in allen Phasen der Tätigkeit (inkl. Reinigung)	10
– Benötigt Hilfe, z. B. wegen unzureichenden Gleichgewichts od. beim An-/Auskleiden/Reinigung	5
– Nicht selbstständig, auch wenn o. g. Hilfe gewährt wird	0
5. Baden	
– Unabhängig bei Voll- und Duschbad in allen Phasen der Tätigkeit	5
– Nicht selbstständig bei o. g. Tätigkeit	0
6. Gehen auf Flurebene bzw. Rollstuhlfahren	
– Unabhängig beim Gehen über 50 m, Hilfsmittel erlaubt, nicht aber Gehwagen	15
– Geringe Hilfe/Überwachung erforderlich, kann mit Hilfsmittel 50 m gehen	10
– Nicht selbstständig beim Gehen, kann aber Rollstuhl selbstständig bedienen, auch um Ecken herum und an einen Tisch heranfahren; Strecke mind. 50 m	5
– Nicht selbstständig beim Gehen oder Rollstuhlfahren	0
7. Treppensteigen	
– Unabhängig bei der Bewältigung einer Treppe (mehrere Stufen)	10
– Benötigt Hilfe oder Überwachung beim Treppensteigen	5
– Nicht selbstständig, kann auch mit Hilfe nicht Treppensteigen	0
8. An- und Auskleiden	
– Unabhängig beim An- und Auskleiden (ggf. auch Korsett oder Bruchband)	10
– Benötigt Hilfe, kann aber 50 % der Tätigkeit selbstständig durchführen	5
– Nicht selbstständig, auch wenn o. g. Hilfe gewährt wird	0
9. Stuhlkontrolle	
– Ständig kontinent	10
– Gelegentlich inkontinent, maximal 1x/Woche	5
– Häufiger/ständig inkontinent	0
10. Urinkontrolle	
– Ständig kontinent, ggf. unabhängig bei der Versorgung mit Katheter	10
– Gelegentlich inkontinent, max. 1x/Tag, Hilfe bei externer Harnableitung	5
– Häufiger/ständig inkontinent	0
Gesamtpunktzahl (max. 100): _____	

IADL-Skala nach Lawton und Brody (1969) zur Erfassung der instrumentellen Alltagsaktivitäten (IADLs)

1. Telefon
- Benutzt Telefon aus eigener Initiative, wählt Nummern 1
- Wählt einige bekannte Nummern 1
- Nimmt ab, wählt nicht selbstständig 1
- Benutzt das Telefon überhaupt nicht 0

2. Einkaufen
- Kauft selbstständig die meisten benötigten Sachen ein 1
- Tätigt wenige Einkäufe 0
- Benötigt bei jedem Einkauf Begleitung 0
- Kann nicht einkaufen 0

3. Kochen
- Plant und kocht erforderliche Mahlzeiten selbstständig 1
- Kocht erforderliche Mahlzeiten nur nach Vorbereitung durch Drittperson 0
- Kocht selbstständig, hält aber benötigte Diät nicht ein 0
- Benötigt vorbereitete und servierte Mahlzeiten 0

4. Haushalt
- Hält Hausstand instand oder benötigt zeitweise Hilfe bei schweren Arbeiten .. 1
- Führt selbstständig kleine Hausarbeiten aus 1
- Führt selbstständig kleine Hausarbeiten aus, kann aber Wohnung nicht rein halten 1
- Benötigt Hilfe in allen Haushaltsverrichtungen 1
- Kann keine täglichen Verrichtungen im Haushalt ausführen 0

5. Wäsche
- Wäscht sämtliche eigene Wäsche 1
- Wäscht kleine Sachen 1
- Gesamte Wäsche muss versorgt werden 0

6. Transportmittel
- Benutzt unabhängig öffentliche Verkehrsmittel, eigenes Auto 1
- Bestellt und benutzt Taxi, benutzt aber keine öffentlichen Verkehrsmittel 1
- Benutzt öffentliche Verkehrsmittel in Begleitung 1
- In beschränktem Umfang Fahrten im Taxi oder Auto in Begleitung 0
- Reist überhaupt nicht 0

7. Medikamente
- Nimmt Medikamente in genauer Dosierung und zum konkreten Zeitpunkt eigenverantwortlich 1
- Nimmt vorbereitete Medikamente korrekt 0
- Kann korrekte Einnahme von Medikamenten nicht handhaben 0

8. Geldhaushalt
- Regelt finanzielle Geschäfte selbstständig (Budget, Einzahlungen, Gang zur Bank) 1
- Erledigt täglich kleine Ausgaben; benötigt Hilfe bei Bankgeschäften 1
- Kann nicht mehr mit Geld umgehen 0

Gesamtpunktzahl (max. 8): ______

Mini-Mental-Status-Test (MMST) als Screening bei Verdacht auf eine demenzielle Störung[1]

Mini-Mental-Status-Test **MMST**

Name ______________ geb. __________ Jahre ______

Testdatum ______________ Geschlecht männlich ☐ weiblich ☐

Schulbildung ______________ Beruf ______________

1. Orientierung Jeweils 1 Pkt. für jede richtige Antwort — Score

1. Datum ☐
2. Wochentag ☐
3. Monat ☐
4. Jahr ☐
5. Jahreszeit ☐
6. Bundesland ☐
7. Land ☐
8. Stadt ☐
9. Klinik/Praxis/Altersheim ☐
10. Stockwerk ☐

Σ

2. Merkfähigkeit VL nennt nebenstehende Begriffe und fordert Pb anschließend zur Reproduktion auf; es wird 1 Pkt. für jede richtige Antwort vergeben. Bitte Pb daran erinnern, sich die Worte zu merken.

11. «Auto» ☐
12. «Blume» ☐
13. «Kerze» ☐

Σ

Wenn nicht alle 3 Begriffe genannt wurden, erneute Darbietung durch den VL usw.; max. 6 Wiederholungen.
Anzahl der Versuche bis zur vollständigen Reproduktion der 3 Wörter: ☐

3. Aufmerksamkeit und Rechenfähigkeit In 7-er-Schritten, beginnend bei 100, rückwärts zählen; Abbruch bei 5 Antworten; 1 Pkt./ richtige Antwort. Bei falscher Antwort richtiges Ergebnis nennen. Von korrektem Ergebnis aus folgt die nächste Subtraktion.

14. «93» ☐
15. «86» ☐
16. «79» ☐
17. «72» ☐
18. «65» ☐

Σ

Bei Akalkulie alternativ: Radio rückwärts buchstabieren o-i-d-a-r ☐ max. 5 Pkt

4. Erinnerungsfähigkeit Den Pb nach den bei 2. genannten Wörtern fragen; 1 Pkt./richtige Nennung.

19. «Auto» ☐
20. «Blume» ☐
21. «Kerze» ☐

Σ

5. Sprache 1 Pkt. für jede korrekte Antwort/Handlung.

22. Armbanduhr benennen ☐
23. Bleistift benennen ☐
24. Nachsprechen des Satzes: «Sie leiht ihm kein Geld mehr» ☐
Kommandos befolgen:
25. Blatt Papier in die rechte Hand ☐
26. – in der Mitte falten ☐
27. – auf den Tisch legen ☐
28. Anweisung auf der Rückseite dieses Blattes vorlesen und befolgen ☐
29. Schreiben eines vollständigen Satzes (Rückseite) ☐
30. Nachzeichnen (Rückseite) ☐

Σ

1 von Folstein, Folstein und McHugh (1990); Dt. Fassung von Kessler, Denzler und Markowitsch

Geriatrische Depressionsskala (GDS)[2]

CIPS Collegium Internationale Psychiatriae Scalarum

GDS

Langform

Bitte, wählen Sie bei den folgenden Fragen jeweils die Antwort aus, die Ihrem Befinden während der letzten Woche am besten entsprochen hat.

1.	Sind Sie im Wesentlichen mit Ihrem Leben zufrieden?	☐ Nein	☐ Ja
2.	Haben Sie viele Ihrer Interessen oder Aktivitäten aufgegeben?	☐ Ja	☐ Nein
3.	Haben Sie das Gefühl, dass Ihr Leben leer ist?	☐ Ja	☐ Nein
4.	Sind Sie oft gelangweilt?	☐ Ja	☐ Nein
5.	Schauen Sie zuversichtlich in die Zukunft?	☐ Nein	☐ Ja
6.	Machen Ihnen Gedanken zu schaffen, die Ihnen nicht aus dem Kopf wollen?	☐ Ja	☐ Nein
7.	Haben Sie meistens gute Laune?	☐ Nein	☐ Ja
8.	Sind Sie besorgt darüber, dass Ihnen etwas Schlimmes zustoßen könnte?	☐ Ja	☐ Nein
9.	Fühlen Sie sich die meiste Zeit glücklich?	☐ Nein	☐ Ja
10.	Fühlen Sie sich oft hilflos?	☐ Ja	☐ Nein
11.	Sind Sie oft unruhig und nervös?	☐ Ja	☐ Nein
12.	Ziehen Sie es vor, Zuhause zu bleiben, anstatt auszugehen und sich mit etwas Neuem zu beschäftigen?	☐ Ja	☐ Nein
13.	Machen Sie sich oft Sorgen um die Zukunft?	☐ Ja	☐ Nein
14.	Haben Sie den Eindruck, mit dem Gedächtnis in letzter Zeit mehr als sonst Probleme zu haben?	☐ Ja	☐ Nein
15.	Finden Sie es schön, jetzt in dieser Zeit zu leben?	☐ Nein	☐ Ja
16.	Fühlen Sie sich oft niedergeschlagen und bedrückt?	☐ Ja	☐ Nein
17.	Fühlen Sie sich, so wie Sie im Augenblick sind, wertlos?	☐ Ja	☐ Nein
18.	Machen Sie sich viele Gedanken über die Vergangenheit?	☐ Ja	☐ Nein
19.	Finden Sie das Leben sehr aufregend?	☐ Nein	☐ Ja
20.	Bereitet es Ihnen Mühe, neue Aufgaben zu beginnen?	☐ Ja	☐ Nein
21.	Fühlen Sie sich voller Energie?	☐ Nein	☐ Ja
22.	Haben Sie das Gefühl, dass Ihre Situation hoffnungslos ist?	☐ Ja	☐ Nein
23.	Haben Sie den Eindruck, dass es den meisten Menschen besser geht als Ihnen?	☐ Ja	☐ Nein
24.	Regen Sie sich oft über Kleinigkeiten auf?	☐ Ja	☐ Nein
25.	Ist Ihnen oft nach Weinen zu Mute?	☐ Ja	☐ Nein
26.	Haben Sie Schwierigkeiten, sich zu konzentrieren?	☐ Ja	☐ Nein
27.	Freuen Sie sich darauf, morgens aufzustehen?	☐ Nein	☐ Ja
28.	Vermeiden Sie gesellige Zusammenkünfte?	☐ Ja	☐ Nein
29.	Ist es für Sie einfach, Entscheidungen zu treffen?	☐ Nein	☐ Ja
30.	Konnten Sie in der letzten Woche klare Gedanken fassen?	☐ Nein	☐ Ja
	GESAMT:	☐ ☐	

2 von Yesavage et al.; Dt. Fassung von Gauggel und Birkner (1998)

Liste angenehmer Tätigkeiten für Ältere[3]

Das Folgende ist eine Liste von 66 Ereignissen, die viele Menschen angenehm finden. Wir würden gerne wissen, wie oft Sie jedes dieser Ereignisse im vergangenen Monat erlebt haben und wie angenehm es für Sie war oder sein könnte.

Für jedes Ereignis, bitten wir Sie zwei Bewertungen zu machen:
A. Wie oft erlebten Sie dieses Ereignis im letzten Monat?
- 0 = gar nicht
- 1 = 1- bis 6-mal
- 2 = 7-mal oder häufiger

B. Wie angenehm, erfreulich oder bestärkend war dieses Ereignis? Wenn es nicht auftrat, dann beurteilen Sie bitte wie angenehm es für Sie gewesen wäre, wenn es aufgetreten wäre.
- 0 = nicht angenehm
- 1 = etwas angenehm
- 2 = sehr angenehm

	Wie oft erlebten Sie es im vergangenen Monat?	**Wie angenehm war es oder würde es sein?**
1. Die Wolken am Himmel betrachten	0 1 2	0 1 2
2. Menschen haben, die interessiert daran sind, was ich sage	0 1 2	0 1 2
3. Mit Freunden zusammensein	0 1 2	0 1 2
4. Eine schöne Landschaft sehen	0 1 2	0 1 2
5. Eine freimütige und offene Unterhaltung führen	0 1 2	0 1 2
6. Kaffee, Tee etc. zusammen mit Freunden trinken	0 1 2	0 1 2
7. An angenehme Erinnerungen denken	0 1 2	0 1 2
8. Küssen, berühren, liebkosen	0 1 2	0 1 2
9. Eine Sache gut gemacht haben	0 1 2	0 1 2
10. Mitbekommen, dass es der Familie oder Freunden gut geht	0 1 2	0 1 2
11. Sich klar ausdrücken	0 1 2	0 1 2
12. Ein Kompliment machen oder jemanden loben	0 1 2	0 1 2
13. Menschen zum Lächeln oder Lachen bringen	0 1 2	0 1 2
14. Mit jemandem zusammen sein, den ich liebe	0 1 2	0 1 2
15. Einen neuen Menschen besser kennenlernen	0 1 2	0 1 2
16. Selbst ein Kompliment erhalten haben oder ein Lob, dass man etwas gut gemacht hat	0 1 2	0 1 2
17. Jemandem meine Zuneigung ausdrücken	0 1 2	0 1 2
18. Jemandem helfen	0 1 2	0 1 2
19. Die Geräusche der Natur hören	0 1 2	0 1 2

3 von Gallagher-Tompson et al. (1984); Dt. Fassung von Maercker (2004)

	Wie oft erlebten Sie es im vergangenen Monat?	Wie angenehm war es oder würde es sein?
20. Eine Person des gleichen Geschlechts neu kennengelernt haben	0 1 2	0 1 2
21. Reisen oder Ausflüge planen	0 1 2	0 1 2
22. Von Menschen, die ich schätze, gelobt worden sein	0 1 2	0 1 2
23. Ein Vorhaben so ausführen, wie ich es wollte	0 1 2	0 1 2
24. Gesagt bekommen, dass ich gebraucht werde	0 1 2	0 1 2
25. Geliebt werden	0 1 2	0 1 2
26. Musik hören	0 1 2	0 1 2
27. Eine schwierige Aufgabe ausführen	0 1 2	0 1 2
28. Eine originelle Idee haben	0 1 2	0 1 2
29. An einer Blume oder Pflanze riechen oder sie ansehen	0 1 2	0 1 2
30. Um Hilfe oder Rat gebeten werden	0 1 2	0 1 2
31. Über mich selbst nachdenken	0 1 2	0 1 2
32. Mit anderen Menschen glücklich sein	0 1 2	0 1 2
33. Die Sterne oder den Mond sehen	0 1 2	0 1 2
34. Einen Rat geben, der auf meinen früheren Erlebnissen beruht	0 1 2	0 1 2
35. Den Sonnenaufgang sehen	0 1 2	0 1 2
36. Bücher lesen	0 1 2	0 1 2
37. Die Vögel singen hören	0 1 2	0 1 2
38. Zeitschriften lesen	0 1 2	0 1 2
39. Gebraucht werden	0 1 2	0 1 2
40. Eine saubere Wohnung haben	0 1 2	0 1 2
41. Einen Tagesplan haben	0 1 2	0 1 2
42. Einkaufen	0 1 2	0 1 2
43. Leute anlächeln	0 1 2	0 1 2
44. Etwas planen oder organisieren	0 1 2	0 1 2
45. Meditieren	0 1 2	0 1 2
46. Ein Rätsel oder ein Kreuzworträtsel lösen	0 1 2	0 1 2
47. Aus der Stadt/aus dem Ort herauskommen (in die Umgebung, Landschaft)	0 1 2	0 1 2
48. Neue Bereiche erschließen	0 1 2	0 1 2
49. Ein Museum besuchen	0 1 2	0 1 2
50. Freiwilligenarbeit tun oder bei anderen mithelfen	0 1 2	0 1 2
51. Rezepte sammeln	0 1 2	0 1 2
52. In einem Gemeindeprojekt mitarbeiten	0 1 2	0 1 2
53. Etwas mit Freude backen	0 1 2	0 1 2

	Wie oft erlebten Sie es im vergangenen Monat?	Wie angenehm war es oder würde es sein?
54. Klassische Musik hören	0 1 2	0 1 2
55. Schnäppchen jagen	0 1 2	0 1 2
56. Blumen arrangieren	0 1 2	0 1 2
57. Etwas künstlerisch gestalten	0 1 2	0 1 2
58. Etwas für ein neues Aussehen einkaufen	0 1 2	0 1 2
59. Über etwas Gutes in der Zukunft nachdenken	0 1 2	0 1 2
60. Über Menschen nachdenken, die ich liebe	0 1 2	0 1 2
61. Ruhe und Frieden haben	0 1 2	0 1 2
62. Die göttliche Gegenwart spüren	0 1 2	0 1 2
63. Freizeit haben	0 1 2	0 1 2
64. Sich in der Natur aufhalten (an einem Fluss, im Wald etc.)	0 1 2	0 1 2
65. Zur Kirche gehen	0 1 2	0 1 2
66. Rückblick auf mein Leben halten	0 1 2	0 1 2